矩阵分析

最强职场思维导图

紙1枚とマトリクスでできる 思考の片づけ

【日】吉山勇树(よしやま　ゆうき)/著

仲咏洁/译

中华工商联合出版社

图书在版编目(CIP)数据

矩阵分析：最强职场思维导图 / (日) 吉山勇树著；
仲咏洁译. -- 北京：中华工商联合出版社，2018.3
ISBN 978-7-5158-2205-1

Ⅰ.①矩… Ⅱ.①吉… ②仲… Ⅲ.①思维方法
Ⅳ.①B804

中国版本图书馆CIP数据核字 (2018) 第 025029 号

KAMI 1MAI TO MATRIX DE DEKIRU SHIKO NO KATAZUKE © 2015 Yuuki Yoshiyama
First published in Japan in 2015 by KADOKAWA CORPORATION, Tokyo.
Simplified Chinese translation rights arranged with KADOKAWA CORPORATION,
Tokyo through Beijing GW Culture Communication Co., Ltd.
北京市版权局著作权合同登记号：图字01-2017-4797号

矩阵分析：最强职场思维导图

作　　者：[日]吉山勇树
译　　者：仲咏洁
责任编辑：李　瑛　袁一鸣
封面设计：周　源
责任审读：郭敬梅
责任印制：迈致红
出版发行：中华工商联合出版社有限责任公司
印　　刷：北京毅峰迅捷印刷有限公司
版　　次：2019年1月第1版
印　　次：2019年1月第1次印刷
开　　本：710mm×1020mm　1/16
字　　数：40千字
印　　张：13.5
书　　号：ISBN 978-7-5158-2205-1
定　　价：48.00元

服务热线：010-58301130
销售热线：010-58302813
地址邮编：北京市西城区西环广场A座
　　　　　19-20层，100044
http://www.chgslcbs.cn
E-mail: cicap1202@sina.com(营销中心)
E-mail: gslzbs@sina.com(总编室)

前 言

　　"要做的事堆积如山。但从何处着手、又该如何才能做完，对此没有一点头绪。"

　　"明明想做重要的事情，却不知为何杂务缠身。结果只能将重要的事一直往后拖延，最后慌忙地处理。"

　　"总是被教导'应该这样，应该那样'，到底要听谁的话好呢？觉得哪一个都很重要，不知如何判断与决定。"

　　相比从前，当今日本商务人士的处境更为严峻。

　　业务内容随市场情况变化而变化，在如今这样一个讲求工作效率的时代，每个人的工作任务都越来越重。

同时，随着IT技术的进步，工作也会变得越来越复杂。

工作变得越复杂，工作相关者（企业利害关系人）便会增加，彼此间的利害关系就越难协调。

虽然生活变得越来越便利，但我们也因被多种信息包围，需要经常甄别、推敲这些信息，以便做出最好的决定。

思维混乱，经常不知所措，变得慌慌张张，事情也无法推进等情况并不少见。

为改善这种状况，需要活用"一张纸"和"矩阵"来"梳理思绪"。用这个方法不断梳理思绪，提高决断速度，训练行动力，慢慢养成"思考——行动"的行为习惯。

本书旨在帮助你从自己的问题与问题点中成功地"导出答案"、迈出下一步。

阅读此书可改变个人的浑沌状态，明确下一步行动，获得更高的工作效率。

那么，一起来迈出前进的步伐吧！

目　录

Chapter
2

第 2 章
明确与纠缠不清或有此种倾向的人的关系

Chapter **3** 第 3 章

明确自己的未来之路

Chapter **4** 第 4 章

利索地完成交涉时的所有要求

Chapter
5

第 5 章

创建强大的团队所要做的工作

序 言

一张白纸与矩阵让心中的混沌消失不见！

● 一切从"写出来"开始

如前言所述，现如今的商务人士有很多烦恼。

特别是对于社会经验不多的人来说，被不熟悉的日常业务包围着，不能把握好工作节奏，于是便会疲于应付，慌乱地处理工作。随着工作经验的增长，员工会被委以责任更大的业务，需要处理的信息也随之增加，这便要求员工有快速决断的能力。

让我们从梳理自己的思绪开始，以改善这种状况，做出更优质的选择吧。

这时，不仅要思考"必须做什么"、"需要解决的问题是什么"等问题，还要用笔在纸上将其写出来。因为如果只在心中思忖这些问题的话，便会觉得"这也不行"、"那也不行"，只有写出来才会更加明确。

实际上，"写出来"是一种"借助文字将模糊的东西可视化"的过程，这一行为便是新行动的引发剂。也就是说，"思考——行动"是解决问题的关键。

●从"两条轴"中找出"现状"、"目标"与"解决"的突破口！

整理思绪的第一步是要列出问题与未决事项，但仅仅如此并不能达到"整理好思绪"的效果。（也就是说，仅仅在"要做的清单"上写出"今天要做的事情"，并不能形成一天的行程表。）要通过判断事项的重要程度与紧急程度来决定优先顺序，并且落实在行动中。

另外，在考虑"以后要做什么样的工作"的时候，仅是写出想到的事并不能做出从何处着手的判断。这时就需要通过衡量工作的难易度和效果来决定优先顺序。

此时就需要**"矩阵"**了。

也就是用横竖两条交叉的轴来整理思绪。

与普通的"列表"不同，**矩阵有两个切口（两条轴），可以多角度思考。**

列矩阵尽管很简单，但却在思绪整理中不可或缺的**"现状"**、**"目标"与"解决"**上有很好的效果。

首先，要在被两根轴分开的四个空间中写下"在意的事"。

这样，确认**"现在，（我）在什么位置？"**——把握现实。然后，摸索**"今后，要达到什么样的位置？"**——设定目标。最后，探讨**"为改变位置应该做什么？"**——问题解决。

这里有一个需要注意的地方。

那就是"轴的定义"问题。比如以"想要高效工作"为目的来设计矩阵时，人们或许并不懂得分别以什么标准定义横纵轴。

为此，本书设想了多种场景，预先准备好了矩阵的框架。在这些矩阵中，**一定会有一个适合你自身的状况。**

首先，请选取其中的一个或两个矩阵开始使用。这样一来，就能够学会多样的、具有逻辑性的梳理思绪的方法了。

另外还需注意的是，将梳理好的思绪付诸行动，启动"思考——行动"模式。

本书在活用矩阵的基础上，不仅讲解"已知的是什么？"也将明确"应该做什么？"。

书中的5个章节就由这样的观点组成，**也汇集了工作中"坏了！（紧急情况）"的解决方法**。

不仅局限于工作，也希望诸位读者能将矩阵活用于生活的各个方面，使之成为通往更加美好生活的引导者。

例　在个人成长过程的矩阵中确认自己的职业

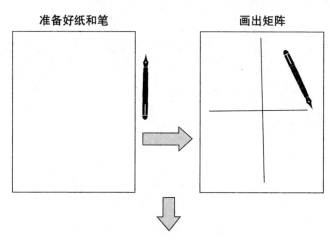

准备好纸和笔　　　　　　　画出矩阵

☆使"现状"、"目标"与"解决"可视化！

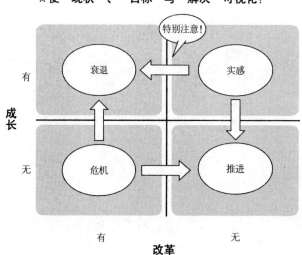

第 1 章
Chapter 1

不再"没有时间，慌乱无比"

时 间

时
间

对
话

成
长

交
涉

管
理

是否要在日程表中留下多余时间

矩阵 固定时间工作·可变时间工作×留有多余时间·不留多余时间

● **根据工作内容确定所需时间**

"制订计划时必须留有多余时间。"

每天都会被上司和前辈们这么教导吧？确实，为了在规定期限内不忙乱地完成任务，需要这样的心理准备。

但是，时间是有限的。每一份工作所需时间并非多多益善。

这就需要用到**将工作分为"可变时间工作"与"固定时间工作"**的矩阵了。

所谓可变时间工作就是指自己可以控制时间的工作，也即在紧急时刻，可以通过熬夜、增加职员展开人海战术，并支付"紧急费用"能够度过难关的工作。

而固定时间工作指的就是自我无法操控的工作。例如，依赖于同事提供数据的工作。同事不提供数据，便不能进行下一步。这种被看作是"时间固定"的工作。

在此工作分类基础上再考虑是否留出多余的时间。

● **设定最小单位的多余时间**

或许很多人都会对这个矩阵疑惑不解。其实，对于可变时间工作来说，不留多余时间才是正确的选择。为何如此呢？

这是因为，**如果在这种工作上留有多余时间的话，那么这些时间就会被完全浪费掉。**

各位请回想一下上学时做暑假作业时的情形。当初，明明计划要在8月中旬完成的，但即便是到了月末仍然慌乱无比，你有过这样的体验吗？尽管设定了"8月中旬"这个期限，但是因为心里想着"只要在9月1日之前完成就可以了"，所以就会留出更多的时间来。

为了避免发生此类情况，**就需要严格估算工作所需时间，不留多余时间，或者只设定最小单位的多余时间。**接下来，不要放纵自

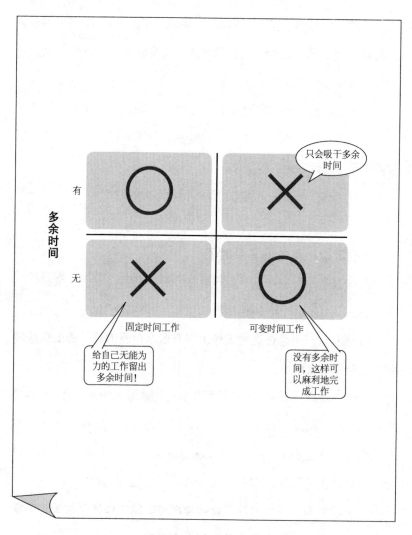

检查一下是否有多余的时间吧

己，努力在规定时间内完成任务。这样一来，就能够避免因计划出现偏差而产生的连锁反应，扎实地推进工作。

另一方面，对待固定时间工作就要留有余地地做计划，以备应对可能出现的最坏情况。

总结　　　　　　　　三步高效作业

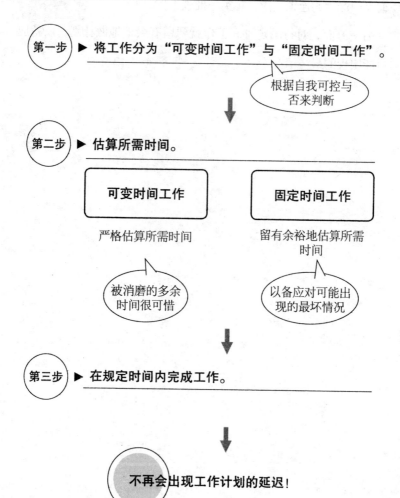

第一步 ▶ 将工作分为"可变时间工作"与"固定时间工作"。

根据自我可控与否来判断

第二步 ▶ 估算所需时间。

| 可变时间工作 | 固定时间工作 |

严格估算所需时间　　　　留有余裕地估算所需时间

被消磨的多余时间很可惜　　　以备应对可能出现的最坏情况

第三步 ▶ 在规定时间内完成工作。

不再会出现工作计划的延迟!

时
间

对
话

成
长

交
涉

管
理

"粗略"地开始，"认真"地结束

矩阵 粗略·认真 × 考虑·处理

● 考虑型工作——"粗略"地开始

为了有效工作，需要根据"工作的性质"采取恰当的处理方式。

比如，可以将工作分为"考虑"和"处理"两种类型。

像写计划书、制订贸易策略等需要思考的事情属于考虑型工作。

与此相对，回复邮件、写日程表等琐碎的事情属于处理型工作。

这两种类型的工作有其各自对应的处理方法。

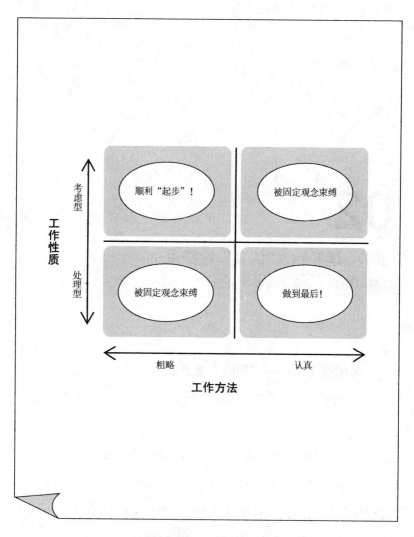

确定没有弄错工作方法吗？

请看上图。大概很多人会对此发出疑问吧。

为什么考虑型工作要“粗略”地做，而处理型工作要“认真”地做呢？

因为考虑型工作多需要认真思考，很容易一直处于一个状态。也就是说一直处于开始状态中。所以，**放手“粗略”地开始**是提高工作效率的秘诀。

此时的要点在于要从简单的事情开始。比如，从已知部分开始写计划书就是很好的办法。或者从收集资料这种简单的工作着手也可以。

无论如何，最重要的不是一开始就追求“完美”，而是要“起步”，顺利地推进工作。

● **处理型工作——“认真”地做，以避免失误**

那么，为什么处理型工作必须要“认真”地做呢？

与考虑型工作相反，处理型工作大多琐碎，我们很容易因粗心而犯错误。

例如，即便是写日程表这样的习惯性工作，我们也会在事后检查时发现有错字、漏字。为防止出现这种不慎失误，你要**“认真”地做到最后**。

总结	根据"工作性质"改变处理方式

需要认真思考的事情   琐碎的事情

考虑型工作   **处理型工作**

比如：写计   比如回复邮
划书、制定   件、写日程
贸易策略等   表等

首先要 **"粗略"** 地开始   最后要 **"认真"** 地完成

放手顺利起步！

坚持到最后，杜绝失误！

抛弃惯性思维，运用合理的工作方法来提高效率吧！

虽然"需要思考的工作认真做，而琐碎的事情粗略做"是一般的想法，但这是错误的惯性思维。要记住，这种惯性思维是阻碍正确行动的主要因素。

将工作按能否胜任分开

矩阵 自己能否胜任 × 同事能否胜任

● **抛弃"自己做的话更快些"的想法**

人们总是发现自己被工作所包围，慌乱地说："没时间！""很忙！""工作没有尽头！"等等。

个中因由大概有两点。

其一，无论何种工作都接受。其二，想着"自己做的话更快些"，实际上交给别人去做也同样能够很快完成。

我们可以将工作分为以下四种：

"只有自己才能胜任的工作"，"只有同事才能胜任的工作"，"自己与同事都能胜任的工作"，"自己与同事都无法胜任的工作"。

其中，应该优先处理的是"只有自己才能胜任的工作"。

这将可以充分发挥自己的长处，对于"只有自己才能胜任的工作"，上司也一定会对你抱有很大的期待。

另一方面，"只有同事才能胜任的工作"就应该交给同事去做。

对于"自己与同事都能胜任的工作"，就与同事合作完成或果断地交与同事完成即可。

最后，该如何处理"自己与同事都不能胜任的工作"呢？

一般这种工作对专业知识的要求较高。这样的话，就向第三方求助吧。也就是要想办法依靠专业人士或向别的部门同事求助来解决问题。

● "计划"自己的工作以提高工作效率

规划眼前的工作从"应最先做什么"开始，然后，再来讨论一下如何"使自己的工作具有计划性"。

在此希望诸位记住的是，**通过计划，节约出时间**。

能将工作计划考虑周详，实现程序化，"只有自己才能胜任的

矩阵分析：
最强职场思维导图

时
间

对
话

成
长

交
涉

管
理

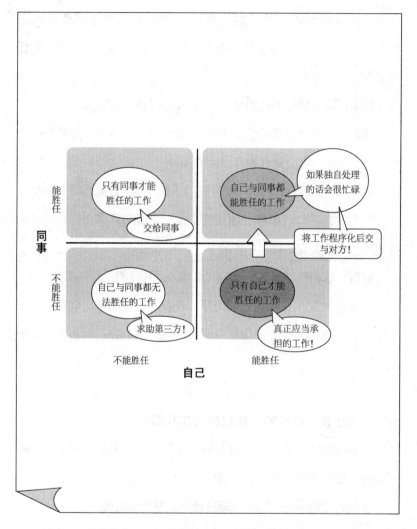

将工作分为四类的话，忙碌的原因便一目了然

工作"也同样可以交与同事或部下完成。

可能你会觉得"自身可做之事减少，不是削弱了自己的存在价值吗？"，并随之感到不安，但你不是应该利用空出的时间去挑战更高层次的工作吗？

时
间

对
话

成
长

交
涉

管
理

| 总结 | 总结不再慌乱的3步+1 |

第一步 ▶ 将手头的工作分为四类。

重要的是"只有自己才能胜任的工作"

第二步 ▶ 将自己完成不了的工作交与同事或第三方处理。

毫不犹豫地交出力所不及的工作

第三步 ▶ 专注于只有自己才能胜任的工作。

加1 ▶ 将只有自己才能胜任的工作程序化。

若是谁都可以做的事,便可交给他人

优先做只有自己才能胜任的工作,若是能实现程序化便更完美了!

无论多么琐碎的工作都要认真与上司沟通

矩阵 做什么 × 如何做

● 预约交谈时间

处理业务时，必须清楚自己"做什么"与"如何做"这两点。

虽然这是"工作的基础"，但很多人却做不到。

多数年轻员工"接到上司的指示后知道该做什么，但不知道该从何处着手。"这类人并没有消化"要做的事情"，于是工作越积越多，最终处理不完，陷入向上司与同事求救的困境。因此，想要顺利地完成工作，必须要知道从何处着手处理工作。

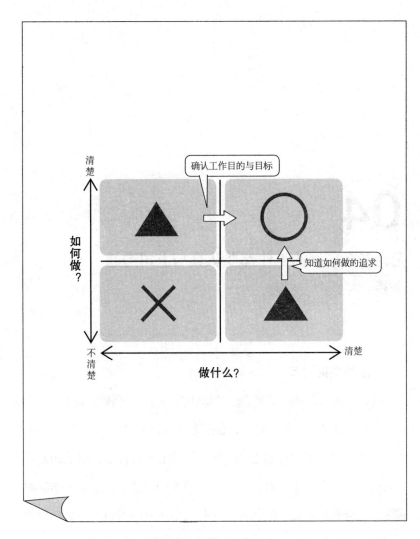

年轻职员的弱点是这个！

即便是头脑清晰的人也会很疑惑。

"如果去问这么简单的问题，不会被认为是笨蛋吗？这也可能会对人事部门的评价产生不好的影响。"

被莫名的自尊与自我意识束缚了手脚，阻碍着自己前进。

你可能经常会听到"即使想得到建议，但面对忙碌的上司或前辈们又难以开口"这样的抱怨。

确实，如今已经很少见到从前那种上司手把手地教员工如何工作的情况了。上司和前辈们自己因各自的工作都忙得不可开交，自然会散发出一种"我很忙的"的气息。

但若接受工作任务时，就跟上司提前"预约"："中途（如遇到问题）想与您商量"。这样的话，紧要关头去与上司商量时，就不会招致厌烦。

● 明确说出"我不懂"

"虽然知道该如何做，但却不知该做什么好。"也有人会这样说。这一类人有"光说不做"的倾向。首先，需要再次向上司确认工作的目的与目标。

这时，若有疑问，可直接询问上司。若是不懂装懂，日后必定会后悔的。

总结 抛弃"过剩的自我意识"和"光说不做"的想法

虽然知道该做什么　　　　　　但不知道具体做法

1. 放下自尊，向上司或前辈寻求建议；
2. 要跟忙碌的上司或前辈提前"预约"交谈。

虽然知道该怎么做　　　　　　但不知道要做什么

1. 向上司确认工作目的与目标；
2. 将所知的办法落实到具体工作上。

不要自己一个人闷闷不乐，积极与上司或前辈们交流吧。

另外，**即便"知道该如何做"了，其实践水平又是个问题**。若不落实到具体工作上，"知道如何做"便不会具有实践性。"知道如何做"是否真的有助于出实绩，还需要一边不断重估自己的技术一边前进。

检测目的与目标的一致性

矩阵 为何做 × 做什么

● 思考"为何做？"

前文中提到很多年轻员工虽然知道"做什么？"但不懂得"如何着手做"。

实际上，即便是知道了"做什么？"也有很多人并不懂得"为何做？"

这种类型的人，即便按照上司的指示去做了，也很难拥有主动性。

此外，因为不善于阅读上司指示背后的"意图"，而造成职场交流障碍的情况也很多。

以下所举事例虽较极端，但确有如此冲突存在。

一日，一位刚入职不久的员工接到上司的指示："你负责一下公司年会的筹备工作。"员工觉得"很多前辈都不太熟悉，这该如何是好呢？"并为此困惑不已。但年会的日期渐进，最后该员工在网上预订了一家小酒店，准备在此举办年会。

但是——

"这不就是单纯的酒宴吗？"

"没有什么让人惊喜的节目吗？"

大家的不满充斥着宴会。

对此，员工也毫不掩饰自己的气愤之情："我不是为了来当年会负责人才进这家公司的！"

● **要记得即便是杂务也有其目标与目的存在**

以上例子中，负责年会的员工与年会参与者为何都会怨气满满呢？

那是因为员工并没有领会上司的意思。

上司想通过委任负责人举办年会，使之有所学习提高。不仅仅是布置会场，而是希望该员工通过熟悉员工的期望，与前辈、同事们商

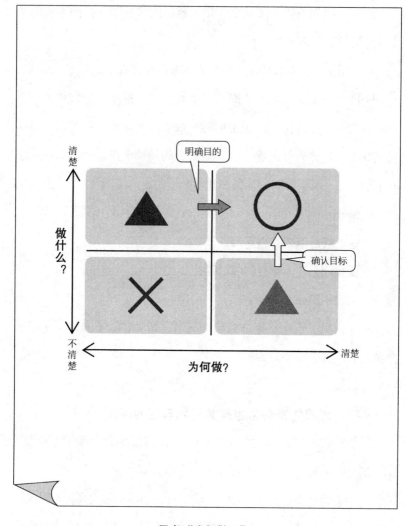

思考"为何做？"

谈等，从中学到"资料收集与分析"、"扩展人际的要点"等知识。

但员工虽知道"要做年会负责人"这个目标，却并不理解其"目的"。

从杂务负责人到责任重大的管理者，懂得把握所有工作的目的是很重要的。

工作的终点，只有在明确工作目的与目标之后才会逐渐明晰。

总结	明确"目的"与"目标"

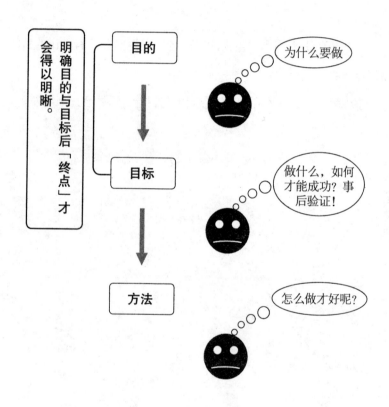

不论做什么工作，都自问自答"为何要做呢？"以明确其意义。

时
间

对
话

成
长

交
涉

管
理

权衡紧急度与重要性，确定优先顺序

矩阵 紧急度 × 重要性

仔细分析什么是"紧急"的，什么是"重要"的

早晨到了公司，在自己办公桌前坐下，开始一天的工作，就从手边的工作开始吧。

如果你也是这样开始一天工作的话，请快改掉这样的习惯。

"我知道的。但被要求做的事是一定要做好的。"

或许有人会这样反驳，但那是误解。必须通过合理判断工作的"紧急度"与"重要性"以确定工作的优先顺序。

具体来讲，应如何判断"紧急度"与"重要性"呢？

时
间

对
话

成
长

交
涉

管
理

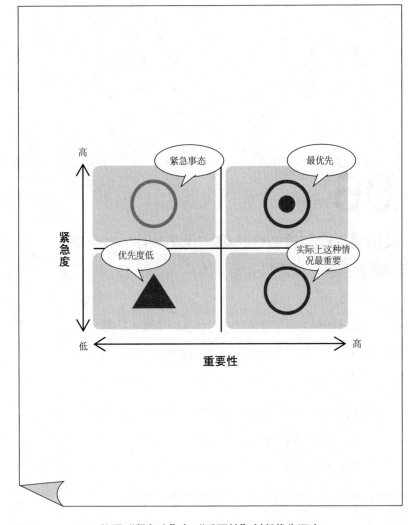

依照"紧急度"与"重要性"判断优先顺序

在此，我来说明一下紧急度与重要性的判断方法。

首先是紧急度。**工作有"截止日期"或"交付期"这样的期限，这便是一个判断依据。**

其次，必须即时应对的突发状况类的工作，紧急度较高。

那么，如何判断重要性呢？

比如说"与客户商谈"和"经营战略的立案"，哪一个重要呢？如果再加上，"内部会议"与"市场资料的整理"，又该如何判断呢？

对于这些都需要认真完成的工作，很难分出"优劣"吧？

更何况，其中还涉及到自己与上司的判断标准不同的问题。

例如，对自己来说，为完成定额工作，想先与客户商谈，但上司处于整体考虑，可能会希望优先做经营战略的立案。

确立优先顺序最重要的一点便是**尽可能依照客观基准来判断**。

如上所述，如何判断紧急度比较容易理解，判断重要性则必须依照客观视角。

所以，有必要设立多种判断基准。

例如"公司外部相关工作比公司内部的工作重要"、"涉及他人的工作比只对自己产生影响的工作重要"、"有关承诺（遵守法令）的工作重要性高"、"销售额度达100万元以上的订单比100万

矩阵记录案例：给现有的工作排列优先顺序

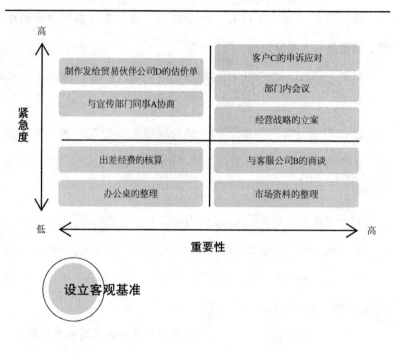

[紧急度]

· 配合"截至日期"、"交付期"等的工作期限

· 需即时应对突发状况的工作紧急度较高

[重要性]

· 公司外部相关工作比公司内部的工作重要

· 涉及他人的工作比只对自己产生影响的工作重要

· 有关承诺（遵守法令）的工作重要性高

· 销售额度达100万元以上的订单比100万元以下的订单重要

元以下的订单重要"等等，预先做好明确的尺度很重要。

●将"要做到什么时候"习惯化

对现有工作依据"紧急度"与"重要性"分类后，请再次检查一下矩阵图。你可能会发现意想不到的陷阱。

特别是年轻员工**很容易将突然被上司叫去这种事当成是紧急度高的工作。**

比如，上司说"你把这份资料看一下"，这时候你可能就会中断手中的工作，立即开始阅读这份资料。但此时，最应该做的其实是向上司确认"要做到什么时候"。

另外，还需记住的一点便是**对于"不急但重要"的工作，不要拖延。**

一旦忽视此类工作，慢慢地，工作就会变得越来越紧急，当你发现其紧迫性的时候，往往已经为时过晚，无计可施。所以，在时间尚充裕的情况之下，埋头将工作做完，这很重要。也就是说要有"稳步前行"的精神。

总结	三步确立工作优先顺序

第一步 ▶ 制定好"紧急度"与"重要性"的判断标准。

在客观的视角下考虑

第二步 ▶ 根据"紧急度"与"重要性"来划分工作。

在矩阵中分类

第三步 ▶ 检查"紧急度"确定步骤。

1. 确认"紧急度高"的工作期限
2. 开始"紧急度低但重要"的工作

不再拖延工作。

对话

成长

交涉

管理

从难易度与成效上判断优先顺序

矩阵 难易度×成效

● 将"难易度"置换成现场事例

这是确立工作优先顺序的"难易度"与"成效"的矩阵。

所谓成效，即"目标"。

比如说，"如何达到销售额？""如何减少加班时间？""如何提高客户满意度？"等等，这些很容易用数值表示，这些数值可用作具体的判断标准。

但难易度的基准就很难设定了。因为"难易度"与"重要性"

一样因人而异。

那么就将难易度置换成如下内容：

相对于能独立完成的工作，需要合作的工作难度更大。

销售额度达100万元以上的工作比销售额不满100万元的工作难度大。

花费成本的工作比不费成本的工作难度大。

需要花费10天以上完成的工作比在10天之内即可完成的工作难度大。

以这样的视点来验证工作的难易度，并完成矩阵。

● 从难易度较低的工作着手

在这个矩阵中，最先做"难度小，成效大"的工作。比如说，以提高客户满意度为目标，严格使用礼貌用语并不花成本，而且从今天就可以开始。这样做还可以直接打动客户，具有较好的成效。这样的工作就可以排在优先顺序中的第一位。

其次，选择"成效好，难度高"的工作。比如，店面的内部装修需要成本，相较于"问候"别人难度就增加了。

这个矩阵在提高个人技能方面也很有成效。如果想要"考证"的话，就在这样的矩阵中衡量一下成效与难易度。

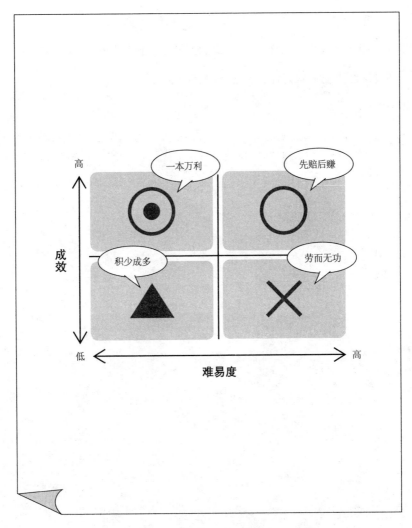

从"难易度"与"成效"上判断优先顺序

花费了很多时间与成本取得的资格证，如果无助于工作与晋升，那么其成效就会变低。当我们开始做一件事情的时候，要明确通过这件事能够获得什么，达到怎样的成效。

总结　　成效好，难度低的工作，现在就开始做

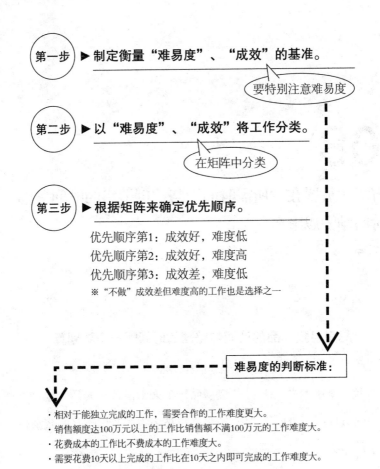

第一步 ▶ 制定衡量"难易度"、"成效"的基准。

要特别注意难易度

第二步 ▶ 以"难易度"、"成效"将工作分类。

在矩阵中分类

第三步 ▶ 根据矩阵来确定优先顺序。

优先顺序第1：成效好，难度低
优先顺序第2：成效好，难度高
优先顺序第3：成效差，难度低
※"不做"成效差但难度高的工作也是选择之一

难易度的判断标准：

· 相对于能独立完成的工作，需要合作的工作难度更大。
· 销售额度达100万元以上的工作比销售额不满100万元的工作难度大。
· 花费成本的工作比不费成本的工作难度大。
· 需要花费10天以上完成的工作比在10天之内即可完成的工作难度大。

将工作放置在"所需时间"与"创造出的时间"的时间轴中思考

矩阵 所需时间 × 创造出的时间

● 思考寻找物品的时间与整理的时间哪一个更划算

有一种以时间为尺度来思考问题的方法。举个身边的例子：

比如，整理物品。办公桌与储物柜如果很杂乱的话，也是不利于工作顺利进展的。这时，请将平日被忽视的整理物品的想法付诸行动。

那么，如果以时间来计算此次"作业的效果"，应该如何来计算呢。

首先，计算整理物品的"所需时间"。假设花了30分钟吧。

然后就有了通过整理物品所获得的"创造出的时间"。这与此前花费在"寻找物品"上的时间相当。

请再回过头来看看平时的工作状态。

"那个资料放在哪里了？"

"订书机找不到了！"

"顾客的资料放在哪个文件夹里了？"

像这样，"寻找物品"的时间如果按照每天10分钟计算的话，那么一个月就需要3.7个小时（按照每个月22个工作日计算）。

如果花费30分钟整理一下工位，那么这些时间就不会被浪费，也不会因为"不过就是整理物品嘛"而小瞧这件事了。

● 也要思考提高工作效率的策略

记住"时间成本"的概念，也会对提高团队的工作效率有所贡献。

比如，大多数企业都无法回避的"减少加班时间"的问题。

大多数企业都为减少加班时间而进行了制度改革。

在这一点上，你可以提出具体的解决方案并推进该方案的实

时
间

对
话

成
长

交
涉

管
理

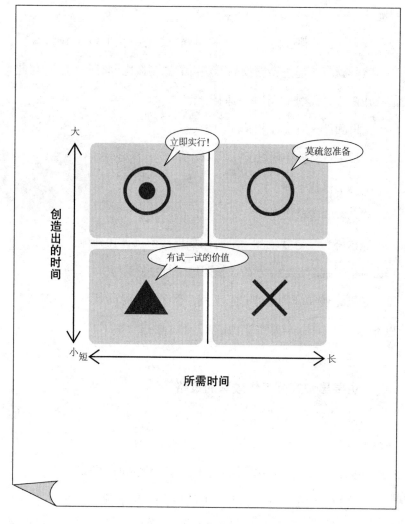

以"时间"为基础检查工作的效率

施。如果就此减少了员工的加班时间，那么"创造出的时间"将会大大增加。

只是，实现这种理想需要全体员工意见一致。一定要注意的是，"所需时间"绝对不短。

总结	为提高工作效率，要有"时间概念"

原则

1. 将"时间"作为检验附加价值的尺度；
2. 以"所需时间"为中心安排工作；
3. 先做创造出的时间长的工作；
4. 所需时间短的工作用零散时间处理；
5. 果断放弃创造出的时间少的工作。

例如，如遇到以下类似的工作的话……

◎：**电话联系**：对已提起的申诉，如果事先与监督方和相关机构沟通的话，申诉就会顺利进行。（估计所需时间约1个小时。）

○：**数据分析**：事先精读资料，可大幅度提高推进项目的效率。（估计所需时间约6个小时。）

△：**办公桌整理**：整理书桌上的文件与文具，便可节约出找东西的时间。（估计所需时间约30分钟。）

◆双圆+圆+三角形=七个半小时

◆双圆+圆=七个小时

◆双圆+三角形=一个半小时

◆双圆=一个小时

根据"可安排时间"决定"要做的工作"

将"想做的事情"可视化

矩阵 必须做的事 × 做什么

● 做"想做的事情"，提高工作的充实度

"对工作提不起兴致"，"不想做这样的工作"。

有这样想法的人，请认真思考一下"想做的事情"和"想试试看的工作"。发牢骚之前，请牢记"自己想做的事"。

很多员工都容易陷入这样的困境中。

比如，在企业进修等事情上，如果写出"不得不做的事情"与"想做的事情"，那么对比两者可知，多数情况下前者压倒性地占

时间

对话

成长

交涉

管理

据多数。

只做有任务感的工作便会越来越感到疲惫。重要的是，如何才能充实地工作呢。

这就需要一个矩阵了。

首先，在"不得不做的事"与"想做的事"这两个坐标中分配好你的工作。

这里的要点是"想做的事"。平日里就将"想做的事"写在记事本上。将想做的事情填满笔记本，动力也会随之而来。

●完成"想做的事"的两个要点

将"想做的事"列出来后，或许就有了一些想要做的动力。

但仅是这样并不会有任何改变。将"想做的事"付诸"行动"很重要。

为此，**有必要将"想做的事""必做化"。**

比如，为了能够胜任更加国际化的工作，就想到"学习英语"，通过"去上英语口语学校，交昂贵的学费"**给自己施加压力。**

另外，**将"想做的事"告知周围的人也很重要。**通过告诉别人自己想做的事情，在不知不觉间别人就都会知道你要做什么。据此，意想不到的机会说不定也会降临。

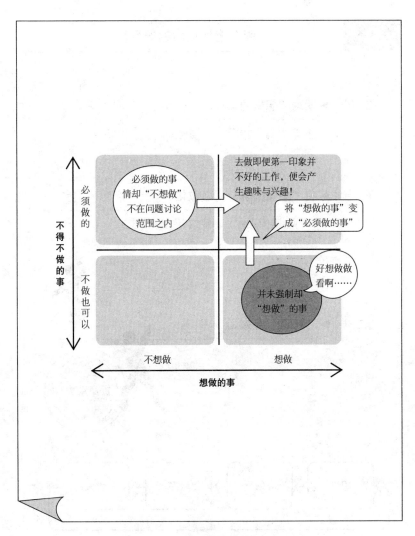

"想做什么"的觉悟是提高动力的第一步

| 总结 | 创造增加动力的好环境 |

第一步 ▶ 明晰"想做的事"。

想到"想做的事"后，写出来。

第二步 ▶ 将"想做的事""必做化"。

告诉周围的人你"想做的事"也很重要！

第三步 ▶ "行动"起来。

上司知道你"想做的事"吗？

一定要做！

提高动力！

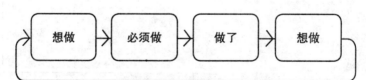

就这样提高工作的充实度

自己踏出"半步"

矩阵 自己·他人 × 团体·个人

● 根据问题的"影响"来思考"主角"

明明知道"还是做比较好"、"应该做"，却还是嘟囔着"但是……"、"反正……"、"可是……"，为自己找理由。大概你也曾有过这样的经历吧。

比如说，书柜里散乱的资料。尽管你会想"如果把资料整理一下放进文件夹里，找起来就会很容易……"但是又会不禁为自己找借口："可是，也没有人让我这么做……总会有人做的吧。"，给自己找理由而不去行动。

也有以下这样的例子。

"轮流早会演讲。起先是为了加强团队团结而做的事情，现在只是没有实质意义地进行着。白白浪费了早晨宝贵的时间。"

尽管有很多成员都会这样想，但从不主动提出解决方案，因为总是想着"反正我们的意见也不会被采纳。"

但是，要知道只有你为公司着想，它才能够做出改变。

在此，使用这个矩阵，将平日担心的事情整理一下吧。

首先分开列出涉及个人的问题与涉及全体"组织"的问题。

比如说，"多多帮助身体状况不太好的同事A"，这是与"个人"相关的问题。而像前面说到的"整理文件夹"、"早会演讲"就可以理解成是与"组织"相关的问题。

然后，思考与该问题相关的"主角"是"自己"还是"他人"。也就是说，自己能够解决的就是"自己"的问题，而涉及同事或上司等的事情就是有关"他人"的问题。

●不论多么小的事情，从你能做的开始

如此整理便知，曾以为是他人的原因（他责）的事情，不就成了自己的问题了吗（自我责任）？特别是**对于"自己"的问题，现**

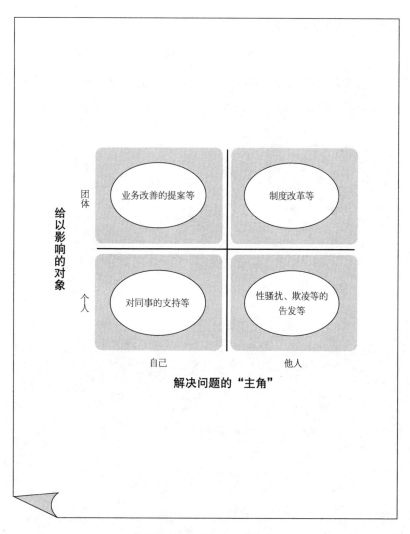

试一试整理工作上"做的话比较好"的事情

在也一定能够立即着手做了。

另外，对于莫名感到胆怯的涉及全体的问题，这其中一定有跟你持有同样问题意识的同事存在。与这样"志同道合之人"产生共鸣，并进一步把活动向前推进，这是很重要的。

| 总结 | 与同事、上司一起面对问题，向目标奋进吧 |

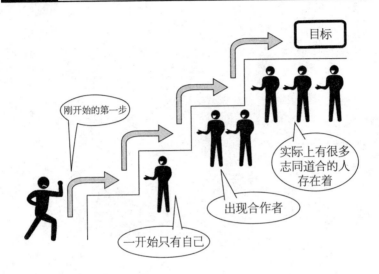

要点

1. 首先解决自己能够解决的问题；
2. 没有必要过度在乎"谁说谁先做"的压力；
3. 踏出"最开始的一步"的话，也会获得同事和上司的帮助。

意识到问题后，莫要畏缩不前，而是应该积极行动起来。

第 ② 章
Chapter 2

明确与纠缠不清或有此种
倾向的人的关系

对 话

加上自己的想法

矩阵 询问×主张

●明确自己的交流模式

在工作上，很多人都不能够很好地表达自己的想法，为此烦恼的大有人在。

为解决这一问题，首先应在"询问"与"主张"的纵横轴中，明确自己的交流模式。

所谓询问，就是征求对方的意见。而主张，就是陈述自己的想法。

那么，你是哪种类型呢？

既有自己的想法又会寻求对方的指示与劝告的"商议型"是最理想的交流类型。但如果是偏重询问的"请教型"的话，就有必要在自我主张的方法上下功夫了。

另一方面，如果是自我主张过于强烈而较少询问对方的"独善型"的话，就要有意识地多倾听对方。

重要的是把握好主张与询问的平衡。

最后，对于主张与询问都较少的"静观型"，如果是"关怀员工的上司"的话，持这种交流模式尚可理解，若是年轻的员工也持此种交流模式，不免会被看作是对工作缺乏热情的表现。

●提出具有主体性的解决方案

近来，在很多年轻人身上凸显的是"询问型"交流模式。这是在上司与同事面前过于敏感、进而压抑"自我"的一种类型。

"该怎么办呢？"

这个句子应该是很多人的口头禅吧！这样的人即便很"顺从"，也很少会成为"独当一面的人"。

要想真正成为独当一面的人要注意两点。改变思考方式（想法）与表达方式（用语）。

时间
对话
成长
交涉
管理

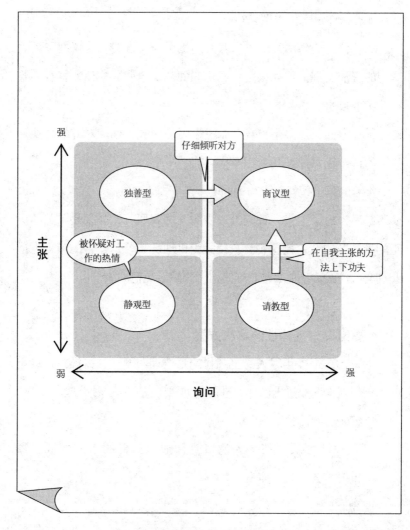

检查主张与询问的平衡

首先，**不要总是要求十全十美**。你总是向上司请教，就说明你可能在过度地担心失败。很多时候，这种担心是完全没有必要的。

然后，在征求别人的意见时，**加上"我是这么想的……"**这样一来，既能够体现你的主体性，又能够给人一个好的印象。

只要注意到了这两点，别人对你的评价就一定会向好的方向改变。

总结	明确地表达出自己的意见

要点1 ▶ **不要总是要求十全十美**

过度担心失败，就会不自觉地向上司"请教"。

要点2 ▶ **加上"我是这么想的……"这样一句话**

句式1："我是这么想的……这样可以吗？"

句式2："该如何做是好呢？我是这样想的……"

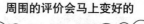

周围的评价会马上变好的

不错嘛！

02

呈现逻辑与情感，使自己被认可

 逻辑×情感

● 仔细构建自己的逻辑

"那么，你到底想要表达什么呢？"

上司、同事、顾客是否对你说过这样的话？

自己拼命地向对方解释，但却没能很好地将意思传达给对方。这样的事例屡见不鲜。

其中最大的原因就**在于你没有处理好"逻辑"与"情感"之间的平衡**。也就是说，你并未言之有序，也未考虑对方感受，而只是采用了冷淡的表达方式。

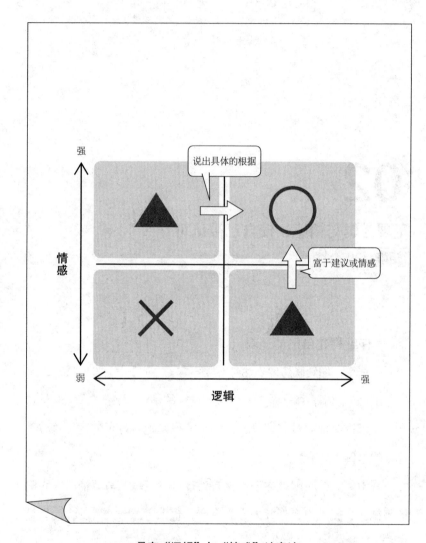

具有"逻辑"与"情感"地表达

此中，**年轻员工缺乏的大多是逻辑**。例如：

上司问："与A先生的商谈还顺利吗？"

员工答："没问题的。我会加油的！"

上司："……"

上司并不是不知道你的干劲，但你并未告知他"没有问题的"的根据，这是作为员工的失职。至少应该向上司传达"很快就能够签订临时合同了"等商谈的具体细节。

另一方面，毫无感情的表达方式也难以获得对方的共鸣。

上司问："新客户市场的开拓有难度吗？不管有什么问题都可以来跟我谈一谈。"

员工答："在我所负责的区域，尚未发现潜在客户。到今天为止访问了100户人家，但只有3户人家愿意接受访谈。"

这位员工虽然正确地报告了工作进展，但也应该加上"我会更加努力的"、"请再给我一点时间"等表达干劲和热情的话。

●"逻辑"与"情感"的表达是必须的

要想获得对方的认可，那么**基于客观"事实"的确凿证据与基于主观"建议与情感"的积极态度是必要的。换言之，存在"逻辑"＋"情感"="认可"**这样的公式。

那么，什么是客观的事实呢？简言之，就是可以用具体数值表示的事情或者实际的情况与进展等。

而主观的意见与感情就是指自己的想法、心情和对事物所持的印象等。

将这两方面组合起来，把你的信息传达给对方吧。这样的话，对方就会表现出"原来如此！""就是那样的！"的样子以示理解吧。

时间

对话

成长

交涉

管理

总结　　掌握"能够让对方认真倾听的表达方式"

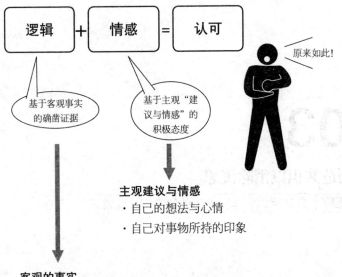

主观建议与情感
· 自己的想法与心情
· 自己对事物所持的印象

客观的事实
· 可以用具体的数值表示的东西
· 实际的情况与进展

要点

1. 不要疏忽基于客观事实的确凿证据；
2. 陈述主观建议以打动对方；
3. 时刻思考如何保持"逻辑"与"情感"的平衡。

03

创造共识以消除沉思

矩阵 自知常识·非常识 × 他知常识·非常识

● **不要自以为"他应该懂的吧"**

"共识"是顺利交流的必要条件。

因为自知常识（理所当然）与他知常识（理所当然）并非总是一致的。

比如说，与合作方的负责人约定再商谈的时间时，可能会出现以下情景：

"那么，星期一的早晨可以吗？"

如此商定后，你便按照这个时间赴约了。但是到了约定的时间，对方却没有出现。

"到底是怎么回事呢？"

说白了，就是自己所说的早晨大概在上午9点左右，但对方的理解却是10点。

此外，还有这样的事例。上司发出指令"交易方打来申诉电话，你赶紧来道歉。"对此，员工却做出"今天与对方负责人会面，向其道歉"的解读。但上司的意思本是"现在立即向本公司的董事们赔礼道歉"。

就像这样，**因未就某事达成共识而在工作上出错的情况并不少见。**

● "让步"与"说服"使共识得以达成

上述冲突并不总是突发事件。在日常工作中，只要有一点"定义偏差"，就会弊害频出。

比如说，对于员工"因为电车晚点，所以开会迟到了"的解释，上司理解成"别扯什么你睡过头了！"而勃然大怒。这种情况是由上司与员工两者之间对"会议迟到允许范围内的条件"有定义上的偏差而导致的。这样下去的话，两人的信赖关系就可能会

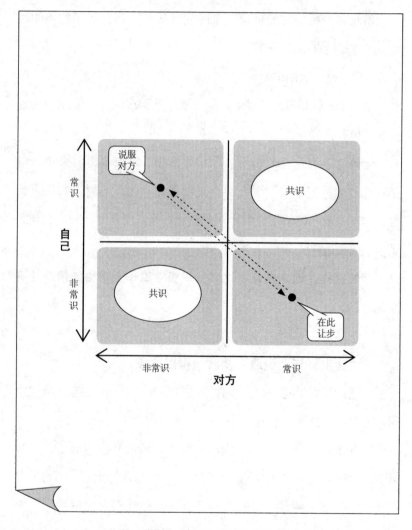

你的"常识"或许是对方的"非常识"

破裂。

要想达成共识，就要填补这种偏差。这就需要**"让步"**与**"说服"**。为了让别人理解对自己来讲是常识的事情就需要说服对方。反之，与别人认识不同时，就要为接受对于对方来说是常识的事情而让步。

请看上一页的矩阵。通过让步与说服对方，彼此的距离（虚线部分）变近（变短），就有了顺利沟通的可能。

时
间

对
话

成
长

交
涉

管
理

| 总结 | 为与对方达成共识，先来自我检测一下吧 |

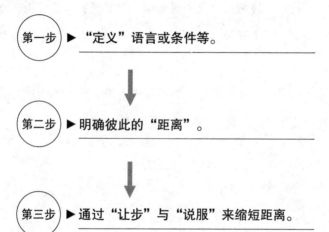

第一步 ▶ "定义"语言或条件等。

第二步 ▶ 明确彼此的"距离"。

第三步 ▶ 通过"让步"与"说服"来缩短距离。

要点

1. 在自我与他者、本职与他职、本公司与他公司等所有的场合，共识都是很重要的;
2. 也有不得不单方面让步和以强硬的姿态说服对方的时候;
3. 通过与对方达成共识的努力，学习对自己来说是非常识的对方的常识，实现自我改变。

通过"第三视角"与"自我诉求"预防冲突的发生

矩阵 自我认识×他者认识

● 自以为是与不自知引起了冲突

"为什么我这么努力，还是无法得到别人的认可呢？"

你是否也曾想向上司、同事或者顾客发泄这样的不满呢？因为与周围的人有"不同意见"，你不断遭遇挫折，陷入纷争。这样的事情司空见惯。

造成此种局面的原因大概有两种。

一是**没有客观地认识自己**。也就是说，自以为是。

比如说，自己在乎的是希望为"严守工作的交付日期"而做出的努力得到认可。但对于"工作成果抱有不满"的上司，不要说认可你所付出的努力了，甚至会因此认为你做得不合格。

二是对方没有理解自己。

自己想要"因对方多次变更要求而熬夜才在规定时间内完成工作"得到褒奖。但是，不知道细节的上司却认为"严守交付日期是理所应当的"，并与你冷眼相对。

● 向对方准确地传达"我想做……"的意思

为减少这种意见相左而产生的冲突，需要在"自我认识"与"他者认识"的纵横轴中回顾一下自己平日里与别人的交流情况。

在此基础之上，首先，为避免陷入"他知我不知"的思维，要养成客观审视自己的习惯。

具体来讲，就是不仅要倾听周围人的意见，还要**有意识地养成反观自己的言行，并从中得到反馈的行为习惯**。比如说，将值得信赖的前辈们当作是"监督者"，在会议结束后或商谈归来的路上，对于自己的认识是否到位，理解是否正确等，定期地寻求建议。这不失为一种办法。

此外，"我知他不知"的这种情况也很严重。为避免这种情

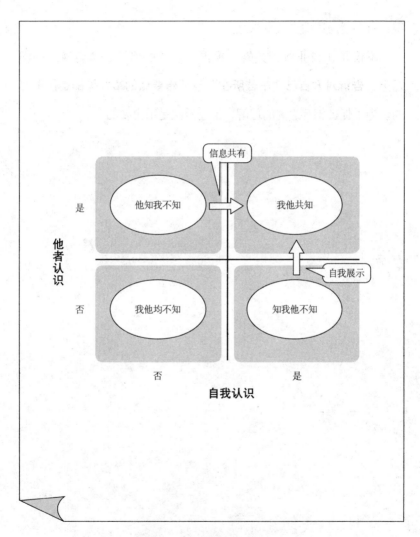

为不变得自以为是与被误解而努力吧

况，有必要与周围人共享信息。

不仅是在与业务相关的"报告"、"联络"、"商谈"等问题上，**告诉对方自己"辛苦所在"与"想要做的事"等都是很重要**的。为了促进相互之间的理解，上述做法是很重要的。

总结 | 客观与共享弥补"认识上的偏差"

第一步 ▶ 客观审视自己，消除信息"盲点"。

☑ **是否在听周围人的意见？**
要知道，即便并无恶意，自以为是的主张还是会引起别人的不快。

☑ **是否有反观自己的言行并从中得到反馈的行为习惯？**
尽可能地站在第三者立场，向那些可提供帮助的前辈、其他部门的领导或
者公司以外的朋友们寻求建议比较好。

第二步 ▶ 与对方共享信息，消除信息"死角"。

☑ **有没有懈怠日常业务中的"报告"、"联络"与"商谈"呢？**
"报（告）·联（络）·商（谈）"是职场中信息共享的基础工作。

☑ **有没有告诉对方"自己的辛苦所在"与"想要做的事"呢？**
公开自己的"要做之事列表"、告知"现状"是另一种办法。

**没有获得期待中的评价的话，就审视自己有没
有"客观地看待问题"与"共享信息"吧！**

通过自我展示来改善人际关系

矩阵 尊重自我 × 尊重他人

● 审视自己待人的态度

在平日工作中，我们要接触很多不同类型的人。自己的上司、前辈与同事自不必说，还要与往来顾客的负责人与合作伙伴公司的员工等许多人会面。其中，有相处得很融洽的人，也会有性情不合的人。

但是，工作上的人际关系不是可以用"好恶"来划分、用"因为是工作"来断然处理的。在此，为了构建良好的人际关系，首先就要明确自己是以怎样的态度来对待别人的。

在此用到的是**"自我尊重"**与**"尊重他人"**这两条轴。理想状态是，自己（自我）与对方（他人）都被尊重的"相互尊重"。

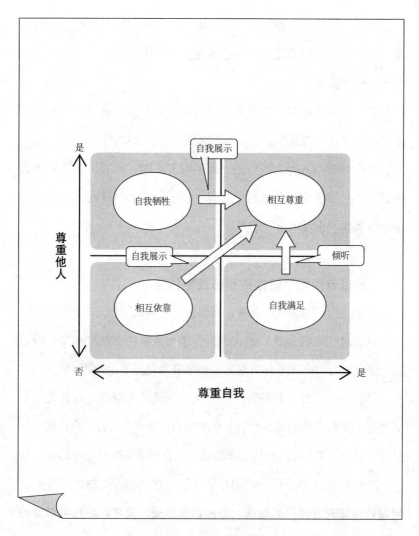

你是以何种态度对待"他人"的呢?

例如，在值得信赖的同事与前辈之间，就有可能存在这样的关系。此外，即便对方是上司或者部下，若能敞开心扉地交谈，也可能结成这种友好关系。

但往往事非所愿。总是会出现过度尊重自我、对他人尊重不足的"自我满足"的傲慢或者陷入与之相反的"自我牺牲"的困境。

也有可能陷入对自我与他人都不够尊重的"相互依靠"的状态中。这不是那种积极陈述自己意见，也不是热心听从对方的想法，而是冷淡的"相互依靠"的关系。

●通过自我展示使这种状态发生转变

那么，为了改善人际关系，具体应该如何做呢？

首先是"自我满足"的状态。这个很好解决，就是不要只顾着自己陈述观点，必须要倾听对方，包括其意见与表达的想法。

另一方面，"自我牺牲"常见于一味地尊重对方而自我萎缩。认为过于主张自我会难为情的人也要先自问是否向对方"自我展示"了呢？自己如果不保持开放心态的话，对方也不会敞开心扉的。

同样的方法也适用于"相互依靠"。在互相都有顾虑的时候，**坦诚地告知对方自己的想法、意见以及感受，就可以缩短与对方的距离，从而使两者的关系发生改变。**

总结	**为了改善人际关系，请回顾"自己的态度"**

比如说，如果你是这样的人的话……

"在对员工很严格的部长A面前，总是无法说出想说的话，但对前辈B却可以直言不讳。与同一项目组的同事C相处不太融洽，两人经常处于尴尬的氛围中。与同期生D不论公私都交往甚深，是可以称为挚友的关系。而对采购处的E总是拜托你一些让人为难的事情……"

据此可以有以下的构思：

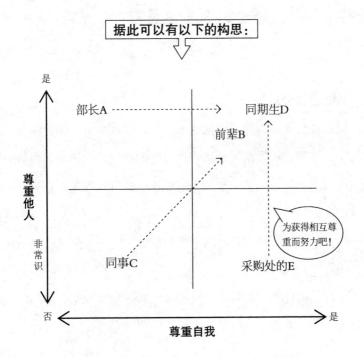

所任职务决定行为方式

矩阵 积极派·慎重派 × 领导型·后援型

●将成员分成四种类型

但在现代社会，即便不是领导，也会被要求有"领导能力"。但过于在乎别人的看法而无法表达自己的意见，或者因为强势领导而在成员之间招致反感等等，为避免这些情况，需要注意自己的言行举止。

在这里，就找出"自己与他人的位置"吧。首先来看一下他人的行动模式。

将行动模式在"积极派·慎重派"与"领导型·后援型"的纵横轴中整理一下。

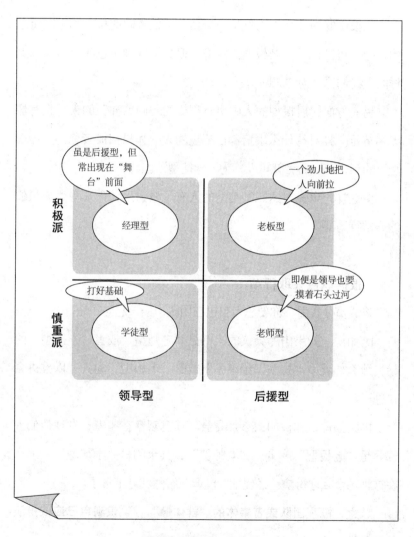

团队成员是哪一种类型?

　　积极派的领导型人物总是一个劲儿地把人向前拉，如上图所示的领导。可以说是"老板型"的吧。但是领导型中也有慎重派，这样的人我们称之为"老师型"。

　　另一方面，后援型的人中也有积极的"向前冲"的人，也有像无名英雄一样对待什么事情都很慎重的人。如果把前者称为"经理型"的话，那么后者就可以称为"学徒型"。

　　像这样，事先对这四种类型的人有了概念后，再来观察成员们的日常行为吧。

● 根据职责采取行动

将成员分类后，你要思考自己在团队中应该起的作用。

比如说，如果出席会议的人都是"老师型"或者"学徒型"的话，那么你就主动扮演"经理型"或是"老板型"的人，以推进会议进程。

再比如说，你被叫去参加宴会。通过观察在座者，发现他们大部分是"老板型"或者是"老师型"，其余的是"学徒型"。那么在这种场合，你扮演"经理型"以调节氛围就是上策了。

　　总之，**概观团队或者集体的"群体像"，认识到自己应该扮演的角色**是很重要的。

| 总结 | 根据自己所担任的角色来决定行动 |

☑ **通过观察确认成员的类型。**

在项目团队中与成员一起工作的时候，要预先确认好每个人的性格、行为特点等，先设立"假说"。

☑ **出席会议或参加聚会前事前确认好出席者的类型。**

作为会议的主持人或者"宴会负责人"，摸清出席者的类型，以便从容应对。

☑ **进入"空缺位置"是基本做法。**

一般来讲，如果同一类型的人聚集在一起，那么"（团体）中途解散"的危险性就高。假设他们都是领导型人物的话，那么你就要带头做好后援角色。

☑ **角色因场合而改变。**

各位成员会因不同状况而改变自己的"类型"。因此，你也必须相应地改变"角色"。

☑ **积极地让各位成员扮演"角色"也是有必要的。**

后援型和慎重派人数较多的时候，为了活跃气氛，你不妨要求他们发言，赋予他们新的"角色"。

职场中不仅要通过察言观色，还要根据自己所担任的"角色"来决定自己的行为举动。

尊重自我

矩阵 自知·不自知 × 爱自己·爱他人

● **弄清各位成员的"价值观"**

职场中的人际关系一旦生硬起来，大多数人就将重新审视交流方式了。

确实，要建立良好的人际关系需要通畅的交流。但事实是，仅懂得礼貌与说话方式并不能让情况好转。

这是为何呢？**因为你并没有真正触摸人心。**

我要在此介绍的就是能够把握作为交流基础的"价值观"的矩阵。

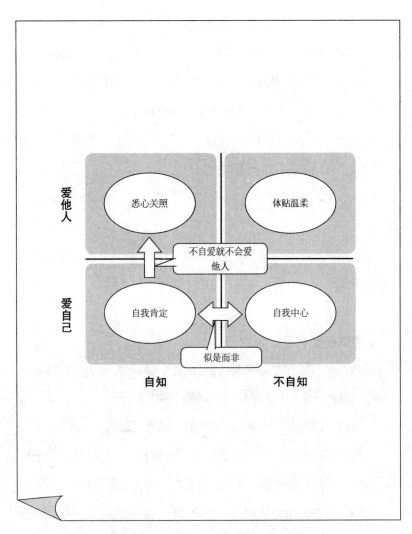

根据"对人的方式"可将人分为四种类型

关键在于"爱自己"与"爱他人"。你可以理解成是"尊重自己"与"体察他人"。对此，又有"自知"与"不自知"两种区别。

或许听起来有些费解，那么用上图中的"自我肯定"、"自我中心"、"悉心关照"和"体贴温柔"来解释就可以理解了吧。

换言之，有意识自重的"自我肯定"与无意识以自我为本位思考事物的"自我中心"之间有很大的分别。

另外，有意识的"悉心关照"与性格中本身就有的"体贴温柔"也很不同。

其差别就在于是否自知。想让对方高兴，想从心底对别人好，这种意识强烈与否，就导致对对方的关照度有所不同。

●尝试接受自己、爱自己

那么，平日里你是如何对待自己与他人的呢？或者，通过观察你的上司或者同事们，你认为他们是哪一种类型呢？

这里有"自我肯定"和"悉心照料"两个着眼点。

也就是说，自知与否是要点所在。尊重自我与体察他人都很重要，只要自知并客观视之，平日的行为举止就会有所不同。

比如，有些性格温柔的人，无论对什么事情都过分热心，反而会被说成是"多管闲事"。

图例："似是而非"的两种性格特征

　　在这一点上，能够做到"悉心照料"的人就会在首先思考对方是否方便的基础上再选择插手。

　　如此，**"懂得"爱自己也爱他人是很重要的。**

　　在此，还有一点不得不说。

　　那就是**不爱自己便不会爱他人**的法则。换言之，不尊重自己的人，也无法尊重他人。

　　而"爱他人"先行，自我却崩溃，这是本末倒置。结果就是给对方或者周围的人添麻烦，要么就是半途而废。

　　可以说，要达到爱他人的目标，应该从爱自己这个基本点开始。

| 总结 | 养成爱自己的习惯吧 |

☑ **是否将自己看作是无法替代的存在而爱护自己吗？**

若是否定自己的价值，那么在对人的关系处理上也不会积极。

☑ **你是否有意识地以自我为本位在行动？**

没有"以自我为中心"吗？常常看着矩阵反省自己。

☑ **是否过分在意周围人的看法，反而"牺牲"掉自己呢？**

不对自己好，也无法对别人温柔。

☑ **是否在考虑别人的基础上支持对方吗？**

多管闲事与坦诚以待仅一纸之隔。

☑ **要明白，"有时候，无知会给周围人添麻烦"。**

铭记"自己的判断不总是正确的"。

在 I love you 之前请 I love me，不会爱自己的人也无法爱他人。

第 3 章

Chapter 3

明确自己的
未来之路

成 长

时
间

对
话

成
长

交
涉

管
理

从两种技能的差来思考如何丰富经验

矩阵 团体·个人 × 基础技能·专门技能

● 填补"团体"与"个人"之间的缝隙

对于员工来讲，如何丰富经验是他们所关心的事情之一。

"该如何培养某一方面的技能呢？"这个问题让很多人苦恼不已。

在此，我要介绍一个让你在培养技能的方向性一目了然的矩阵。

首先在"团体·个人"与"基础技能·专门技能"的纵横轴中把握现状。也就是说要**找出"团体所要求的基础技能"、"你所掌握的基础技能"、"团体所要求的专业技能"、"你所掌握的专业技能"**。

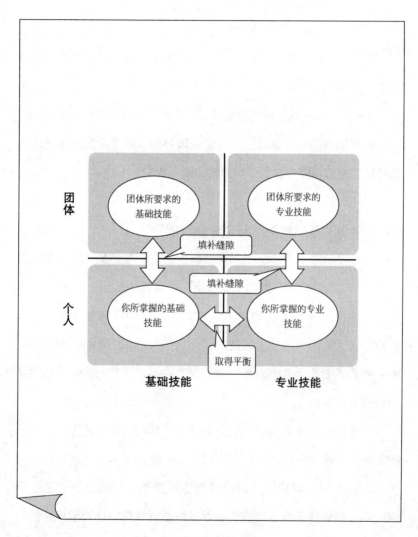

填埋缝隙取得平衡

但是，什么是基础技能呢？

这是与工作种类、工作状态无关，无论是哪个团体（公司）都需要的技能（能力）。

另一方面，专业技能指的是与实际业务相关的专业知识与技能。

从基础技能与专业技能两方面来**填补团队所要求的与你所掌握的技能之间的缝隙**。这是丰富经验的第一步。

● 平衡"基础技能"与"专业技能"

社会经验较少的年轻职员需要特别注意的是把握"你所掌握的基础技能"与"你所掌握的专业技能"之间的平衡。

相关部门以新入职的员工为对象作出的问卷调查显示，对于"你所缺乏的团体所要求的技能是什么？"这一问题的回答，选项中业务知识的缺乏占比最多，排名第二的则是托业的分数，然后是会计相关知识。

但是，公司要求新员工们掌握的是主体性与交流能力这样的基础技能。两者要求间的差距显而易见。

也就是说，要找到基础技能与专业技能之间的平衡。进一步说，**不仅要专注于专业知识，也要锻炼基础技能。**这是丰富经验的第二步。

总结　　　　　锻炼基础技能！

向前迈进的能力

主体性：推动事物发展、研究的能力。

推动力：推动他人的能力。

行动力：设立目标并付诸行动的能力。

思考的能力

发现问题的能力：分析现状、明确目的与问题的能力。

计划能力：明确解决问题的进程及准备的能力。

创造力：创造新价值的能力。

在团队中工作的能力

表达力：简单易懂地表达自己的意见的能力。

倾听力：认真倾听对方意见的能力。

柔韧性：理解不同意见与不同立场的能力。

洞察力：理解自己与周围事物之间的关系的能力。

规律性：遵守社会规则或与人的约定的能力。

控制压力的能力：应对压力发生源的能力。

一切从巩固基础做起！

从工作"效率"与"效果"上思考如何丰富经验

矩阵　擅长·不擅长　×　有热情·无热情

●以"干劲"和"自信"来衡量工作

很多人都困惑此后该学习哪些技能来丰富自己的经验吧？

现在就来介绍一个让这种人迈出"第一步"的矩阵。

首先是把握现状。具体来讲，就是**先把自己现在的工作列出来**。

更加严谨地说，不仅包括现在所负责的业务，也把那些你想做的，或者其他人想让你做的事情写出来。

其次，用"擅长与否"和"是否有热情"来筛选这些列出来的

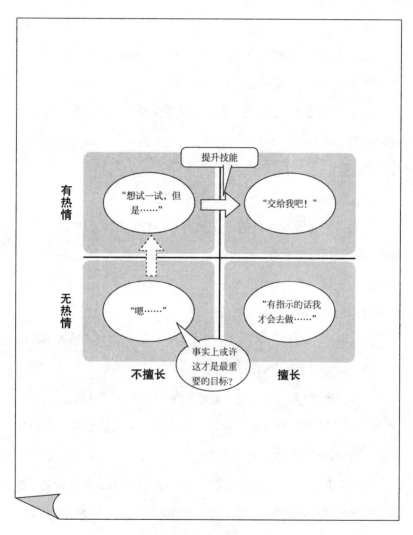

将"自己的工作"分为四类

工作。

比如说，性格开朗又擅长社交的职员A现在属于营销部门，其营业成绩最好。但是，最近他的成约率开始下降。

而且，最近同一工作岗位的、已转变隶属关系的同事们的营业成绩逐渐上升。

"这样下去，可就糟糕了呀。"

有这样想法的职员A使用这个矩阵来确定战略——

首先，将自己现在做的工作列出来。马上想到的就是"与顾客商谈"和"写建议书"，再回顾日常业务，意识到自己被赋予了"对新入职员工进行培训"的任务。还有前辈鼓励自己"只有看懂结算书，才能算是一流的营销员！"

把这些工作都写出来后，接下来要做的就是将他们填入矩阵中（参照下一页图）。

本来就擅长与人打交道的A跟顾客商谈起来并没有问题。另外，因顾客的话语中有很多要"学习"的东西，所以对于外勤人员来说，也会更加热情地做着这个工作。

另一方面，A君不太擅长写提案书。就目前来说，即便是毫无准备，即兴发挥的效果也还可以，怎么说也能够完成与顾客的商谈。

但是，遇到大客户要求作明确的提案书的话，志在做指导性营

图例：将"自己的工作"置于矩阵中看一看吧

● 以营销人员A君为例

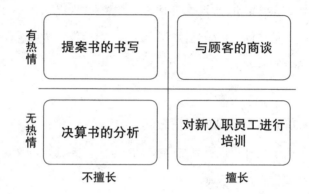

有热情	提案书的书写	与顾客的商谈
无热情	决算书的分析	对新入职员工进行培训
	不擅长	擅长

⇨ **提高技能的方案是：**

1. 与顾客的商谈是"热情高涨且很擅长"的工作

　▶发挥长处确实是很重要的事情，但你已掌握营销游说的技能了，所以只需保持状态在推销工作上继续努力即可。

2. 写提案书是"热情高涨但不太擅长"的工作

　▶学习有效书写提案书的方法或者是向擅长于此的同辈、前辈求教。

3. 对新入职员工进行培训是"擅长但热情不高"的工作

　▶对新人的教育虽是漫长的工作，但需知他们自立之后就会具有工作能力了；可以试着通过运用自己满意的顾客商谈技巧与角色扮演游戏和与同行在实际工作中的训练来提高热情。

4. 对决算书的分析是"既不擅长又无热情"的工作

　▶经营管理与计算分析的能力对于以后的职业生涯很有帮助。首先从与营业关系较大的营业额和成本的关系（损益）学起吧。

销的A君就要掌握书写提案书的能力了。

此外，因为对新入职人员的培训获得了好评，上司也把这样的任务交给了他。但这不是A君主动想去做的事情。

那么，前辈所说的"分析决算书"又如何呢？

原本是文科生的A君潜意识中就对"数字"不太敏感，对此也是越来越觉做不来。

●首先从有干劲的事情做起

从上述矩阵可以看到增强技能的方法。要点是高效地增加技能和提升能力的效果要大。

"效率"指的是"有热情"的工作。热情高的话，就很容易行动。其中，对于"擅长"的工作，即便将其暂时先放一边，技能也会有所增长。关键的是那些"不擅长"的工作。

首先，先重点提升工作中所需要的技能吧。

然后，检验"效果"。这是对那些"热情不高"的工作来说的。因为这一范畴的工作，**他人也或许畏缩不前**。也就是说，要"鹤立鸡群"。

在此还应该注意的是"不擅长"的工作。对于"擅长"的工作，只要维持现状就可以了。至此一直未提及的"无热情、不擅长"的工作，其中正隐藏着使你腾飞的有力"武器"的可能性较大。这里，也要知道对哪些工作厌恶意识比较强，或者哪些工作可能成为今后的武器，并努力提升它们吧。

左侧标签：
时间
对话
成长
交涉
管理

| 总结 | 即便是现在没有自信，按部就班也可以提高技能！|

第一步 ▶ 将"自己的工作"列出来，分成四类。

在"擅长与否"与"是否有热情"两根轴中整理。

第二步 ▶ 磨练"有干劲但不擅长"的技能。

热情高更容易行动。

效率

第三步 ▶ 提高"没有热情且不擅长的工作"的技能。

竞争对手越少越有可能"鹤立鸡群"。

效果

首先要知道为什么没有自信、对哪些事情感到厌恶，又有哪些技能会对今后的职业生涯有所帮助！

从附加价值的角度来思考如何达成目标

矩阵 设定目标 × 附加价值

● 以附加价值的大小来判断"想要做的事情"

"设定目标行动吧！"

你是否被上司或者前辈这样激励过吗？但是"不知道以什么为目标"、"虽然设立了目标，但总是没有成果"的人很多。

这里的关键是通过努力可以获得的"附加价值"。说成"好处"、"利益"或"成果"也不为过。

检验一下自己"想要做的事"和"将要做的事"的附加值大小。

比如说对于旨在做全球贸易的人来说，"学会英语"有很大的

时
间

对
话

成
长

交
涉

管
理

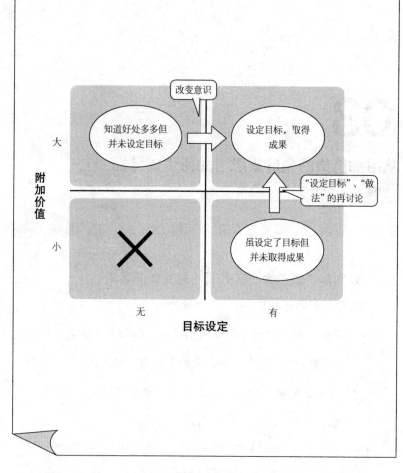

关注好处或成果的大小

附加价值，但对于偶尔去海外旅行的人来说就并非如此。

面对这样的问题，就要确认有没有"设定目标"。

像上图这样列出矩阵后，**今后应当采取的"行动"也就一目了**
然了。

"附加价值大，又设定了目标"的话，就不要犹豫，向着目标
努力就好了。另一方面，对于"附加价值小，并且目标也未设定"
的事情，反而没有做的必要了。

● 反复评估所设定的目标

那么，对于"附加价值大但还未设定目标"的事情该怎么办
呢？那就是改变意识。

明明很有好处却没有设定目标，真是很浪费。

对于附加价值（好处）大的事情，无论如何也要准备起来。即
便是刚开始的切入口很小，也一定会有可以做的阶段性工作。那么
就首先从思考"要做什么"开始吧。

另外，那些"虽已设定目标但总是没有出成果"的事情，有可
能是设定目标的方法出错了。特别是目标值太低的话，就不会有成
长的实感。也有可能是**"做法"出错了**。这种时候，分阶段检查所
设定的目标，找出原因来吧。

总结 对自己有很大好处的事情一定要设定目标完成它！

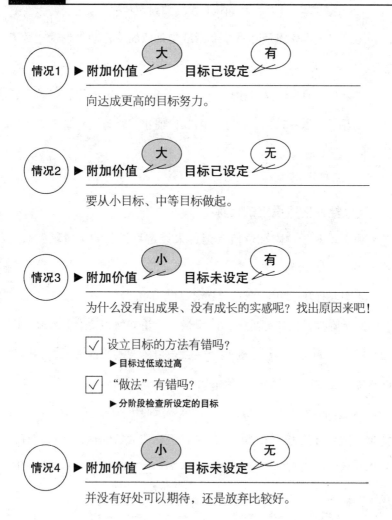

情况1 ▶ 附加价值 大 目标已设定 有

向达成更高的目标努力。

情况2 ▶ 附加价值 大 目标已设定 无

要从小目标、中等目标做起。

情况3 ▶ 附加价值 小 目标未设定 有

为什么没有出成果、没有成长的实感呢？找出原因来吧！

☑ 设立目标的方法有错吗？
　▶ 目标过低或过高

☑ "做法"有错吗？
　▶ 分阶段检查所设定的目标

情况4 ▶ 附加价值 小 目标未设定 无

并没有好处可以期待，还是放弃比较好。

把握自己的成长周期

矩阵 改变欲望 × 成长

● 确认现在自己处于哪一个成长阶段

想要实现自我修正的人，一定要记住这个以"成长"与"改变欲望"为横纵轴组成的矩阵。暂且称之为"成长周期"吧。

开始时，虽然有"改变"的欲望，但是尚处于没有"成长"的"推进"区域。通过不断的努力，就到了有成长的"实感"区域。

但是，过一段时间后，又在"此间"停滞不前，就转移到了"衰退"区域。最后踏进"危机"区域。要想摆脱这种情形就要下

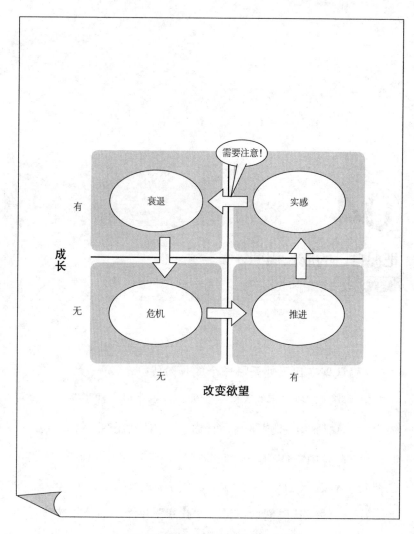

在"成长周期"中明晓"现在的自己"

决心投身到"推进"区域里不可。

那么，现在的你在哪一个区域里呢？

干劲十足地说："我要做！"那么你就处在"推进"区域。此时，你要先写出"将做之事"的列表，然后毫不犹豫地实行。

如果是"我做到了"，并觉得勇气满满的话，那就是在"实感"区域里了。

但是，一旦对成长有了实感而就此满足的话，那么成长就会衰退。成长曲线达到一定水平后，其增长势头就会开始减弱。越是感觉到成长的时候，越要以近乎谦虚的态度寻找进一步改革的关键、能够使自己继续成长的下一步。这可以说是养成"成长癖"的秘诀。

● 定期提高目标高度以增加负荷

确定自己现在处于哪个区域是成功实现自我变革的重要一步。特别是**在实感区域与衰退区域的交界处要尤为注意**。

但是，意识到这一点很不容易。对此，定期请上司等来检查自己的状态是比较理想的做法。在此基础之上，再重新设定目标以及要解决的问题。

比如说以一个月100万元的销售额为目标。一开始每天都为此苦恼，等到逐渐找到方法之后，就很轻松地达到了目标。然后，向上司寻求意见，将目标改为每个月500万元。

　　要言之，就是要不断增加杠铃的重量（负荷）。只有通过**定期增加"负荷"**，才能对成长有实感，从而提升自己的技能。

| 总结 | **将成长周期置于脑海，继续自我变革吧！** |

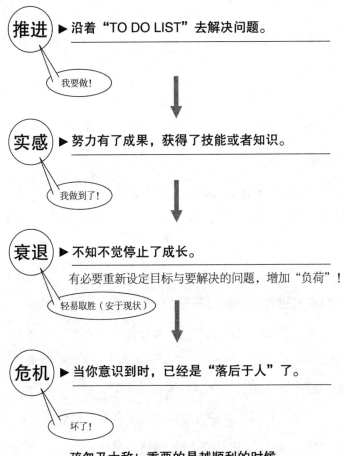

推进 ▶ 沿着"TO DO LIST"去解决问题。

> 我要做！

实感 ▶ 努力有了成果，获得了技能或者知识。

> 我做到了！

衰退 ▶ 不知不觉停止了成长。

有必要重新设定目标与要解决的问题，增加"负荷"！

> 轻易取胜（安于现状）

危机 ▶ 当你意识到时，已经是"落后于人"了。

> 坏了！

**疏忽乃大敌！重要的是越顺利的时候，
越要冷静地自我分析。**

05

不论发生什么事情，都要"继续做下去"

矩阵 认识现状 × 行动

● 每天都过着平淡的日子吗？

"虽然工作很顺利也没有什么不满的地方，总感觉没有动力。"

习惯了工作以后，刚入职时的紧张感与上进心就会消失殆尽，每天都充满惰性——最近，这种人越来越多。

在前一节中，我们介绍人材的"成长周期"时，要求注意不要陷入"温水青蛙"的状态中，在这一节中我们将更加深入地讨论"职业危机"。

具体来讲，就是在"认识现状"与"行动"这两根轴中做人材评价。

刚入职后为打破"现在你就看着吧"的现状而挣扎着。这时你就处于"否定现状地行动"状态中。

然后，通过努力掌握技能，变得可以独当一面了。这时的你处于"肯定现状地行动"状态中。

接下来就是问题所在了。你做出了成绩，也得到了公司内部越来越高的评价，或许还会有晋升的机会。这样的话，你就进入"肯定现状地不行动"状态中了。这是因为你没有过多的压力并且安于现状。这个阶段称作"舒适地带"，也就是"温水区"。

● 总之要干些新的工作

如果一直这样的话，随着时间的流逝，不知哪一天或许就会变成"温水青蛙"并被烙上"掉队者"的印记了。如此，你每天就会变得很无聊，陷入"否定现状但不行动"的最坏状态中。

那么，该如何应对这种状况呢？

那就是，**直接行动**。

请有意识地挑战一些新鲜事物。这样的话，就能为走出上述状态打开"突破口"。

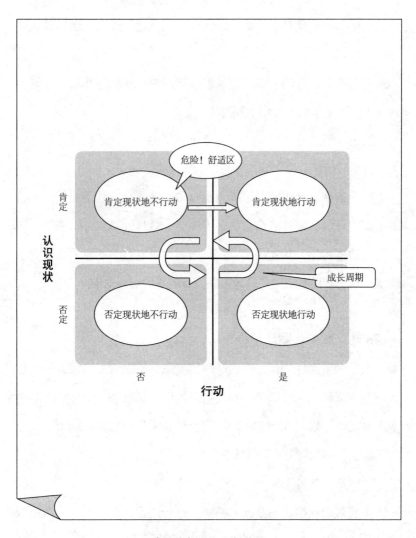

试着将舒适区可视化吧

　　重要的是要明确对自己来说什么是新鲜事物。这类工作肯定是有助于自己成长的，但要选择多长时间内能够完成的工作、要花费多大的成本与劳动才能完成的工作，只有明确了这些前提条件之后，可选项才会慢慢浮出水面。

总结	不要陷入"舒适地带"

有以下特征者要特别注意！

☑ 无需担忧衣食住，满足于目前的生活状态。

➡ **往往有"这样就已经很好了"的想法。**

☑ 工作顺利，无压力。

➡ **适度的压力有助于提升技能。**

☑ 相比以前不太积极行动了。

➡ **没有任何不安的感觉，就会让人连最低限度的事情都不去做。**

☑ 迟迟不将权限下放给部下。

➡ **总有一直想盯着目前的工作的想法。**

☑ 看似很忙的样子。

➡ **有不想挑战新事物的想法。**

要点

1. 有意识地挑战新事物，打开摆脱困境的突破口。

2. 将"理想中的自己"明确化以增加工作动力。

3. 为了不成为"温水青蛙"的下一个舞台在哪里？新的事物是什么样的？详细地设定目标吧！

竞争方式的选择与今后的职业设定相关

矩阵 工作 × 竞争对手

● 寻找能够让自己独领风骚的领域

你是否喜欢现在的工作呢?

当然,百分之百喜欢自己工作的人应该很少吧。每个人都会遇到无法逃避的不喜欢的工作、不擅长的工作和无论如何总处于被动的工作。其实,喜欢的工作、讨厌的工作都是思考今后职业的重要方面。因为,自己喜欢的工作别人也喜欢的几率比较大,而这也是竞争对手较多的工作。

115

矩阵分析：
最强职场思维导图

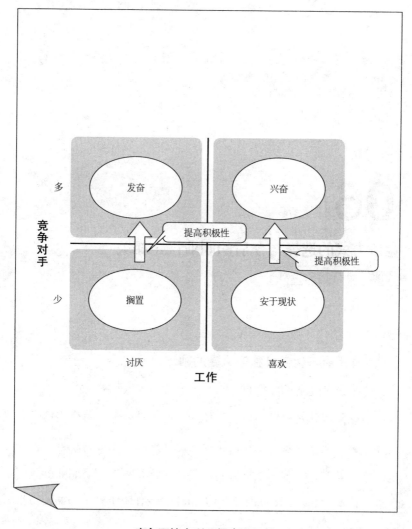

竞争环境有利于提高积极性

116

在有诸多竞争对手的领域与市场中想要获胜是很难的。

因为以后全球化加速，不止要与国内，还需与全世界的几十亿人竞争。这样的话，就有必要分清什么样的工作是"竞争对手较少、自己又十分擅长并喜欢的"。

我年轻时是设计手机新方案的项目负责人。竞争对手的公司也设计出了非常复杂的方案，周围的前辈职员对数字管理与逻辑分析都感到厌烦，没有人积极行动。我自己虽然也没什么干劲，但还是继续做了下去。有一次一位理事夸奖我说"你很擅长制订全公司最具竞争力的方案啊"，自此以后，我对这份工作的积极性越来越高了。

这是一个将竞争对手较少、自己又不喜欢和不擅长的工作向自己喜欢又擅长的工作转化的例子。

●也有在有竞争对手的情况下发奋的人

为应对考试而参加有大量竞争对手的补习班同样会激发竞争心，在有竞争对手存在的社团活动中忍受严格的训练，想必也有这样的人存在吧。有的人适合在没有竞争对手的"温水"环境中生存，因为有竞争对手的存在而惊慌失措的人也不在少数。在有对手的环境中，可以通过与对方切磋技艺来提升自己，但只有一个人的情况下，只凭普通的努力很难获得成功。在没有竞争对手的环境中为自己设定目标，此时为达到目标而有必要与自己竞争。要想明确自己目标的指向性，首先要从问自己属于哪种类型开始。

总结　　　　　　　你是哪一种类型呢？

竞争对手少	竞争对手多

好处

竞争环境轻松，期待独领风骚	可以与竞争对手切磋

坏处

在"温水"环境中有安于现状的危险	在激烈的竞争环境中不容易成功

自己设定目标，打赢"与自己的战争"。

为成为第一而努力奋斗。

在"个人活动"中找出自我本色

矩阵 团队活动 × 个人活动

● 停止抑制自己

"那样真的好吗?"

二三十岁的年轻职员们不经意地会问出这样的问题。他们努力工作,技能日益增长。

乍一听,这句话中并没有什么抱怨的意思,但有一点十分引人注意。

那就是"他们是否在抑制自己?"

近来,"我……我……"这种自我意识较强的类型正在销声匿迹,另一方面,乖乖听话的人则在增多。

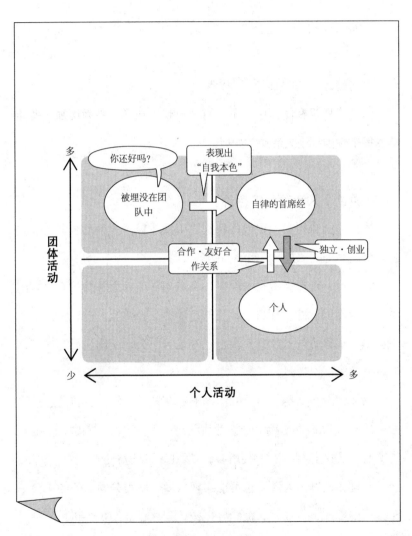

仅通过团体活动很难丰富经验

请将目前的工作置于"团体活动"与"个人活动"的纵横轴中分析。

毋庸赘言,工作少不了团体活动。

但是,埋没在团体中就不会有"自我本色"。**稍微增加一些能够发挥个性的"个人活动"**如何?

● 通过个人活动获得评价

或许你会觉得必须要做些特别的事情才算个人活动,但并非如此。个人活动的"舞台"就在身边。

比如说,现在你擅长一件事,虽然与目前的业务并没有直接的关系,但你仍然能发挥自己擅长的技能去支持团队。这就是"虽然不从事网页设计的工作,但用自己的优势向公司交出自己的提案,最后被录用"的案例。

另外,没有必要将自己的活动限定在公司内部。我也是通过除公司外的音乐活动或者NPO援助活动,二十多岁时开始做自己擅长的事情,培养出人际关系并获得对本职业来说的益处的。

而且,**通过个人活动也可能实现自律、获得公司以外的机会。**在公司内部的评价变好,被领导提拔,独立创业的机会也可能会随之而来。

总结 为活出自我本色而在公司内外开展个人活动吧！

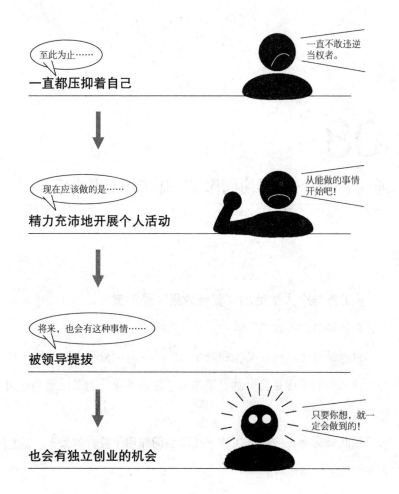

至此为止……

一直都压抑着自己

一直不敢违逆当权者。

现在应该做的是……

精力充沛地开展个人活动

从能做的事情开始吧！

将来，也会有这种事情……

被领导提拔

只要你想，就一定会做到的！

也会有独立创业的机会

时
间

对
话

成
长

交
涉

管
理

通过"工作·生活协同作用"让工作变得快乐

矩阵 工作·个人生活 × 变化·维持

● **工作与个人生活的"复合效果"是关键**

有一种说法叫做"工作·生活·平衡"。

也就是将重点放在"工作与个人生活的时间分配上"，但工作与生活本来就不应是分开的，追求其"复合效果"的话反而会让两者都充实起来。

在此基础上，应以**"工作·生活协同作用（复合效果）"**的意识来看待工作与生活。

也就是说，如果个人生活充实的话，那么也会精力充沛地投入到工作之中。埋头于工作的话就会出成果，减少无用的加班时间，继而可以尽情地享受生活。这样一来，便会更加专心于工作。

就这样形成了良性循环。

在此设定"工作·个人生活"的纵横轴就是以工作·生活协同作用为前提的。

而"变化·维持"是你的"目标"。具体而言，就是要列出在1年之内你想"改变什么？""维持什么？"

不要忘记从"工作"与"个人生活"这两个方面来思考问题。

比如说，以"跟家人的第一次海外旅行"为个人目标的话，就要在工作上达到"要让营业额名列分店第一"的目标，这样的诱因就与动力联系在了一起。

●公开你的目标以提高达成率

该矩阵的特色之处在于以中长期的视野来检验需要改变和维持的事情。**想象一下五年后、十年后的自己"该有的样子"，就会有一种兴奋的感觉。**

在此基础之上，将目标写在便利贴上，贴满墙壁，或者把（写有目标）的纸片用图钉钉在软木板上。

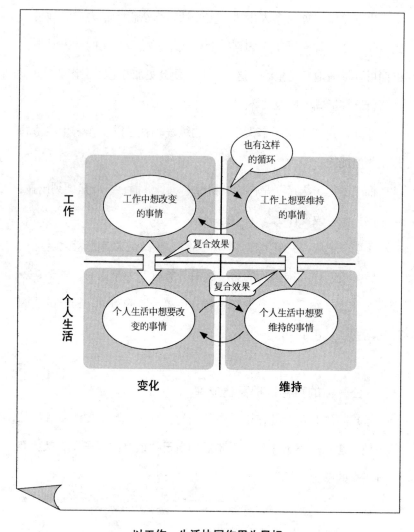

以工作·生活协同作用为目标

　　这时候，不仅是自己，**也要让周围的人能够看到**，将目标昭示于所有人。年初的时候我会把设定好的矩阵贴在了书房，家人或者访客都可以看得到。这样一来，就有了对自己的一种激励，迫使自己必须行动起来。

时间

对话

成长

交涉

管理

| 总结 | 明确工作与个人生活的"复合效果"来设定目标吧 |

●矩阵的填写示例

工作	新工作的提案与启动	开始工作前一个小时到达公司
	将管理工作委任于晚辈A君	每周收集市场·业界信息
	独自完成结束上市企业案件	共享例会信息
个人生活	托业取得800分	一周去两次拳击俱乐部
	眼角膜激光手术	每月的家庭餐会
	举办风景画个展	每月储蓄5万元

要点

1. 想象5年、10年后"该有的姿态"。
2. 尽可能具体地写出一年之内的目标。
3. 将目标贴在不仅是自己、也能让周围人看到的地方。

为拿出干劲，将"计划性的拖拖拉拉"付诸实践

矩阵 休假×工作

● 通过休假"从根本上保证身体的健康"

"工作"与"休假"紧密相连。从前一节中介绍的"工作·生活协同作用"也可以看出来。

但是，还有很多人不能够十分理解"休假与工作的关系"。

"好好工作才能好好休息。"

"好好休息才能好好工作。"

你觉得哪个正确呢？

从日本人的国民性来讲，恐怕赞成前者的占多数。但是，这其实是一种误解。

请想象一下这样的场景。

你因工作而繁忙至极，又不时有客户来投诉或受上司斥责。这时你该怎么办呢？不顾一切地拼命工作吗？但这样就能够走出困境了吗？

重要的是，**要通过好好休息培养不被压力击垮的力量**。这与病原入侵的时候，用疫苗进行防御，提高身体的基本免疫力是同样的道理。

●积极休息

要实践"精力充沛的工作方式"，关键在于要积极休假。对于认真工作的人来讲，对"愉快地休假"犹豫不决的工作狂也为数不少，但请记住**"愉快地休假"是与"充实地工作"联系在一起的**。

另一方面，有一种说法叫做**"积极休息（积极地休养）"**。

该说法基于与其等身体坏掉了再做全面休养，不如稍微运动使疲劳得以恢复的这种想法。这本来是欧美运动界中流行的方法，对于商务人士来讲也同样适用。

可能有人觉得对工作不应该这样拖拖拉拉的。但是，我会在公

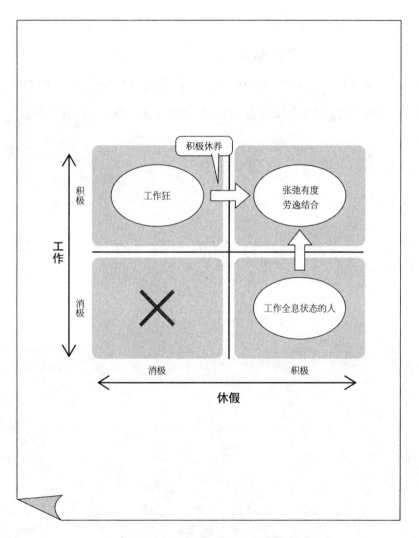

商务人士·运动员积极地享受休假

司里这样去启发别人：

"严格执行**计划性的拖拖拉拉**吧"

会工作的人即便是休息时也不会忘记时间的流逝。若是拖拖拉拉了30分钟，他们就会努力工作2个小时。这样的张与驰非常重要。

总结　不要过度地切换"on"和"off"，而是要以工作与
休息的复合效果提高士气！

从工作者到商务人士·运动员

1. **消除对"愉快休假"的罪恶感。**

   ▶完成剧烈而繁重的工作的能量从"现在的幸福感"中来。

2. **通过提高工作效率让生活张弛有度。**

   ▶别过度地加班或在休息日出勤。

3. **积极地休养（积极休息）。**

   ▶休息日不仅要让"身体休息"，还要记得"开心"。

从工作全息状态的人到商务人士·运动员

1. **理解工作与个人生活的复合效果（工作·生活协同作用）。**

   ▶个人生活随着工作的充实而充实；

   工作因个人生活的充实而进展顺利。

2. **要有当事人意识地"工作自我化"，自发地去工作。**

   ▶周围人即便没有告诉你（所要做的工作），也要自己描绘一下

   理想的样子，以此为目标行动。

3. **工作的同时不忘对身心的管理。**

   ▶不忘积极休息的目的，认真管理自我。

第 4 章
Chapter 4

利索地完成交涉时的
所有要求

交涉

准确告知对方自己的位置

矩阵 为了自己 × 为了别人

● **在"为了自己"与"为了他人"这两根轴中把握问题的全貌**

商务必然包含有"交涉"的环节。与顾客或交易方交涉"价格"与"交货期"等，与上司或部下沟通如何推进工作的意见等都是很常见的工作。这种交涉有时进展顺利，也有时会因进展不顺而令人烦恼。

这时，**在与对方讨价还价之前请记住要先确认自己的"位置"**。

此时，希望你脑海中浮现的是这个矩阵。

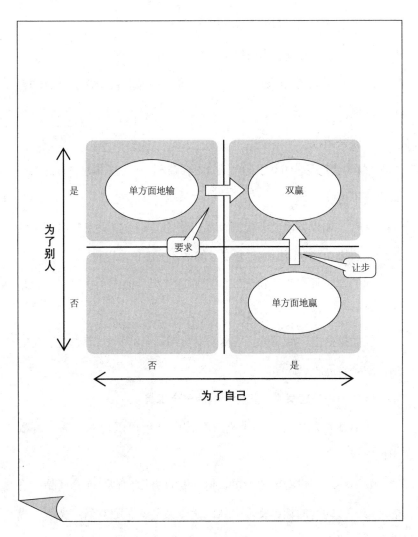

取得双方的平衡

交涉旨在与对方达成"双赢"的结局，因此需在"为了自己"与"为了别人"两根轴中取得平衡。

例如，以对方要求"8月15日之前要100套商品A，金额100万元"为例。

但你会想：

"100套产品卖100万元的话就不会盈利，而且在8月15日之前交货也是不可能的。"

此时，如果你以"在提高商品价格的基础之上，交货时间不延期则无法接受"为由拒绝对方要求的话，交涉便难以进行下去了。

你的意见是"为了自己"，而不是"为了他人（这种场合就是指交易方）"。

但如果提出"商品价格不变，交货期延至8月31日"这种意见的话，便会接近双赢局面。

这个矩阵是**理解交涉案件全貌的一个工具**。

在前述案例中，"为了别人"这个轴也可以设成"为了终端用户"。

如果终端用户希望"无论如何在8月15日之前要100套商品，价格是第二位的"的话，交涉案件的焦点又会变了吧？当然交涉方式也会随之改变。

图例：把握交涉案件的全貌，解决方案便也会随之浮现。

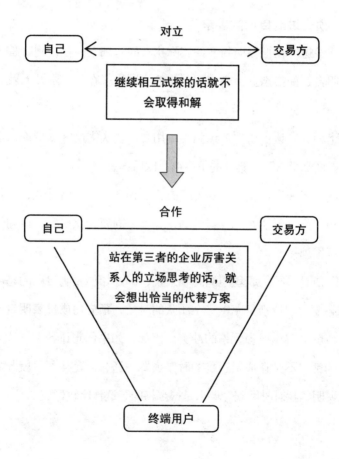

你就会提出"可以在8月15日之前交货，但因受到合作公司协助，希望提高商品价格"的要求，或许这样也可以达到双赢。

● 预先讲清自己的要求

就像这样在把握谈判案件实际状态的基础上，在谈判时首先**明确表明自己的姿态**。谈判出现纠纷的原因大多在于"刚开始就没有达成一致意见"。

比如，应该讲清"考虑到终端用户，这次需严守交货期，但希望提高商品价格"。具体的价格商定以后再说。

但很多人以自我本位的说话方式，如"商品价格过低，交货期也过短"来进行谈判。这样的话，交涉走向将无法确定，谈判战线便会越拖越长了。

即便是对同一职场中的同事来说，一开始便表明自己的态度也是有必要的。特别是率领一个团队的时候，**预先向成员表明自己的态度**，就会避免很多无谓的冲突。比如，如果你想让各位"严守时间"的话，不是在成员迟到的时候大骂一通，而是从平日就开始向对方说明"我对时间观念要求是很严格的"这样比较好。

走出单方面输与赢的局面，构建双赢关系！

第一步 ▶ 在矩阵中把握"自己的位置"。

第二步 ▶ 取得自己与对方"意见的平衡"。

对方过度要求的情况   自己过度要求的情况

 思考增加自己要求的力度。

思考让步于对方的方案。

第三步 ▶ 明确表明"自己的姿态"。

商谈时，最开始就要明确讲清自己的姿态或政策等。

时
间

对
话

成
长

交
涉

管
理

取得意见一致决定"双方都同意的点"

矩阵 对方的认可度 × 自己的认可度

●认可度的隔阂"招致冲突"

"明明说了OK的……"

原本商谈已经成功了，关键时刻对方却又犹豫不前——。

"我重新考虑了一下，觉得不能同意。"

这种好像被对方牵着走的状况，难免让人心情有些沉闷。

在商谈或公司内部会议中，原本已经达成一致的意见，但后来
又出问题的例子并不少见。

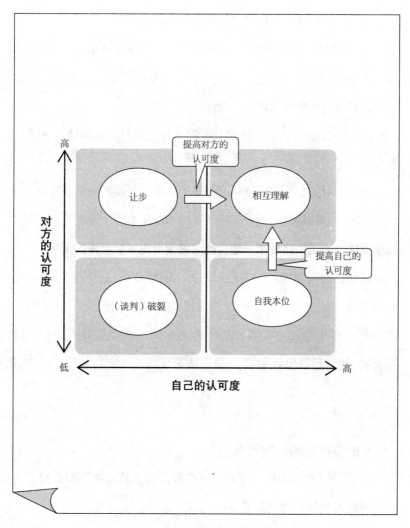

验证对方与自己认可度的不相称

这是因为**对方与自己的"认可度"之间有隔阂**。

对方与自己的认可度都高时，达成"相互理解"，没有问题。但是，对方的认可度高，自己的认可度低的话，就会想要"让步"，并且会有种挫败感。

相反，自己的认可度高但对方的认可度低时，就被认为是"自我本位"了。

那么，对方与自己的认可度都低的情况就是谈判破裂了吧。

其中，要特别注意的是"让步"与"自我本位"的情况。因为，**即便商谈"当场"达成了一致，也可能会出现事后反悔的情况。**

例如，在商谈中过于让步于对方。回到公司后，你向上司汇报时就有可能被上司断然拒绝，"这样的条件不能接受"。结果，你不得不再次与对方交涉，这样的话，调试就会进展不顺。可以说你被夹在上司与商谈方之间，两头受气。一定要避免这样的情况出现。

● 把握彼此的先行问题

为了与对方达成相互理解，**抓住彼此的"认可点"**很重要。也可以说成是把握先行问题吧。

比如说，关于商谈，要看透对方最在意的（先行问题）是费用、品质还是交货期呢。同时，划出对自己（进一步说是对公司）来讲"这个一定不能让"的底线也很重要。

在实际的商务会谈中，按照下一页所示的5个步骤来做，一点点努力提高双方的认可度很重要。

| 总结 | 边确认互相的认可度边推进谈话 |

第一步 ▶ **总结要旨。**

在抓住相互理解的认可点的基础上，总结应该讲的事情。

第二步 ▶ **思考表达方式。**

思考表达用语与交流方式。

第三步 ▶ **观察对方。**

表达时也要注意对方的表情等。

第四步 ▶ **确认是否已向对方传达自己的意思。**

通过复述与叮嘱来确认对方的认可度。

第五步 ▶ **对方如我所愿地行动请求与指示的时候。**

通过售后跟踪来表示谢意。

要点

1. 通过谈话观察得知对方所在意的事情。
2. 向对方确认自己的"这个一定不能让"的底线。
3. 不要过分担心商谈破裂。

5 步消除与对方的隔阂

在交涉中将对方的要求按照优先顺序排序

矩阵 价格×品质

● "价格"还是"品质"，确认优先顺序

在职场中。每天都要直面诸如顾客的无理要求，上司的蛮横态度等各种问题。从这一节开始，我将介绍解决此类问题的方法。

这一连串的矩阵将以一般被称作"QCD"的商务基本要素——品质（Quality）、价格（Cost）、交货期（Delicery）为横纵轴组成。

首先，有这样一个案例。顾客提出"希望在降低价格10%的基础上，提升多功能款（机器）的产品质量"这样的要求。

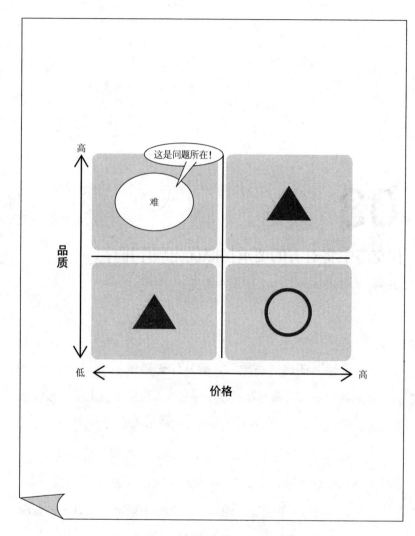

以"价格"与"品质"为条件的案例

你当场回答顾客："请允许我与上司商讨一下。"但上司的回答却是："不能接受这个要求。"

这种"两头受气"的情况经常会出现。那么，请从上图以"价格"与"品质"为轴的矩阵中寻找解决方案吧。

首先，思考自己现在面临的情况属于以上4个范畴中的哪一个，也就是说要**明确对方所期望的优先事项**。

"价格低、品质差"的，即"便宜没好货"，属于"也不是不能够做"的水平。"价格高、品质好"也是可以做到的。"价格高但品质差"对公司来讲是盈利的。与此相对，"价格低但品质好"这是最难办到的。上述案例便是这种情况。因此，关于价格与品质要与客户深入交谈。

"降低价格很困难，您看定价不变如何？"

"在某种程度上限制一下（机器）功能如何？"等等，**确认有关价格与品质的"上限"**。

● 给变更的提案增加附加价值

在这样的商谈中，如果能够找到双方的妥协点当然最好，但也不是只有这一种解决办法。商谈不太顺利的时候，要思考能否找到使双方和解的"第三要素"。在这个案例中该要素指的就是"交货期"。

例如，如果公司的结算中有"结算促销"计划的话，那么向客户提议等一等这个促销计划如何呢？或者满足客户所要求的"品质"，但提供一个季度前的样式比较落后的商品，且控制"价格"，并保证立即交货，这样的话我方可以接受。这就是应该寻求的折中点。

| 总结 | 取得Q・C・D要素间的平衡 |

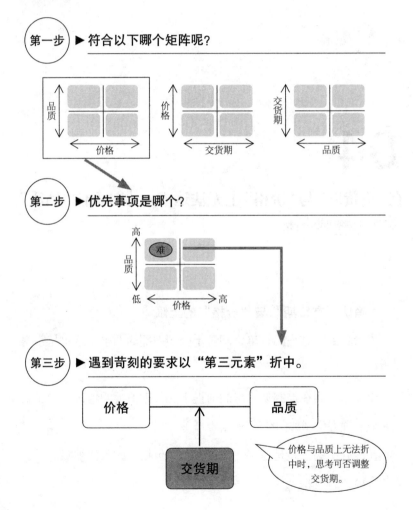

第一步 ▶ 符合以下哪个矩阵呢?

第二步 ▶ 优先事项是哪个?

第三步 ▶ 遇到苛刻的要求以"第三元素"折中。

价格与品质上无法折中时,思考可否调整交货期。

04

在"交货期"与"价格"上无法达成妥协时重估"品质"

矩阵 交货期 × 价格

● 确认"交货期"与"价格"的上限

尽管收到了客户的订单,却苦于公司内部的调整。这也是常有的事。

比如,遇到在控制低价格的前提下交货期迫近的情况,营销负责人就必须去生产部门交涉谈判。

在此介绍的,就是在"交货期"与"价格"的条件被限定时,必须再检查的矩阵。

152

　　解决办法的步骤基本上与前一节相同，首先要确认案件属于哪个范畴。

　　"距交货期时间虽短，但价格高"的情况，调用"特别资金"的话就可以解决。"价格低但距交货期时间长"的情况，以价格性能比的观点来看或许效率说不上高，但合理配置剩余人员，或许会满足顾客的要求。

　　"价格高，交货期限长"的情况，这是非常有意义的工作，也很容易完成，这种情况是最好了。

　　最棘手的要数"价格低并且交货期限短"的情况。可以说，前述案例便是这一类。

　　在此也是要**确认"交货期"与"价格"的上限**。

　　"关于交货期，最晚会是什么时候呢？请您给出一个截止时间。"

　　"可以再稍微提高一下价格吗？"

　　像这样边与客户商谈，边与营销部门、生产部门沟通。

●重估"品质"以找出折中点

　　但是，仅凭交货期与价格也有无法达成一致的时候。

　　这时，思考"第三要素"，也就是说可以**通过重估"品质"找到折中点**。

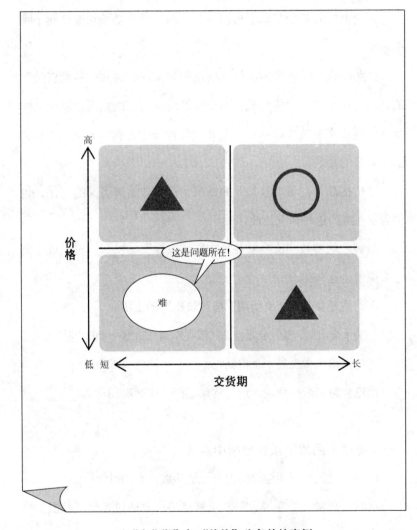

以"交货期"与"价格"为条件的案例

154

例如，营业负责人与生产部门沟通，获知"功能限定的廉价版机器开发出来了。生产线也在配备中。"

这时就可以尝试向客户提议：

"符合您所期望的价格的新商品已开发出来了。虽然这些商品性能有所限定，但可以赶上交货期。"这样应该可以很好地找出折中点了吧。

时
间

对
话

成
长

交
涉

管
理

总结 　　　替代品的提案也可以成为劝说材料

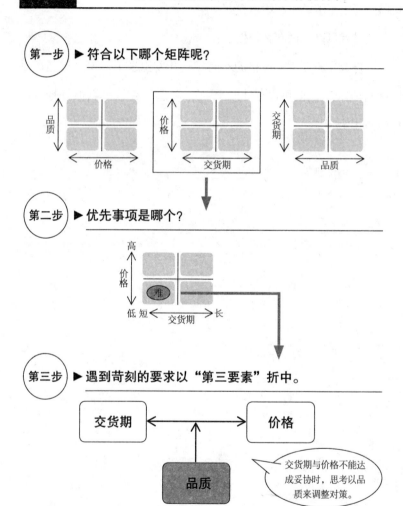

第一步　▶ 符合以下哪个矩阵呢?

第二步　▶ 优先事项是哪个?

第三步　▶ 遇到苛刻的要求以"第三要素"折中。

交货期与价格不能达成妥协时，思考以品质来调整对策。

"品质"与"交货期"无法达成一致的话,就以"价格"来决定

矩阵 品质×交货期

● 分析"品质"与"交货期"状况,进行衡量

最后要讨论的是"品质"与"交货期"的矩阵。

例如,请试想一下如下情形:

上司指示要开公司内部联谊会。时间已定于某月某日,会场也定在了意大利餐馆。

此种情况下,可以将品质看作"意大利餐馆",而将"交货

期"看作是"某月某日"。

那么对此该如何分析呢？

例如，如果是"东京都内的意大利餐馆的话都可以"，那么因为据说在这个范围内有五千多家意大利餐馆，从中选择一家作为会场并不难。

但是，如果附加"从公司步行可以到达"这一条件，选择范围就会一下子变小。

此外，预约成功与否决定了现在距联谊会召开当日有无充足的时间。

如果一个月后在东京都内的意大利餐馆召开公司内部联谊会的话，那么会场预约难度可能会小一些。

但是，翌日，条件变成了在从公司步行可达范围内的意大利餐馆举办联谊会的话，难度便会一下子变大。在这里，明确品质与交货期的范围，这很重要。

●最后调整"价格"以获得预期结论

对于"品质"与"交货期"，如果条件苛刻的话，考虑另一要素，即可以**通过调整"价格"来解决问题**。

例如，前述公司内部联谊会，即便是改为在从公司步行可达范

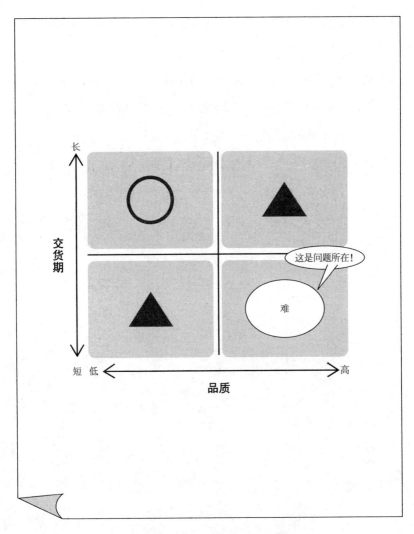

以"品质"与"交货期"为条件的案例

围内的意大利餐馆举行，"如果在预算上多少还有余裕"的话，也可以找到合适的会场。

　　基于以上这些例子，在日常业务中即便"品质"与"交货期"被严格控制，利用"外购"或雇用临时工，也能使情况明朗起来。

　　虽然这可能会增加花费，但为了最终成果，这样的做法也有讨论的余地。

总结	**通过增加费用，也可以找到折中点**

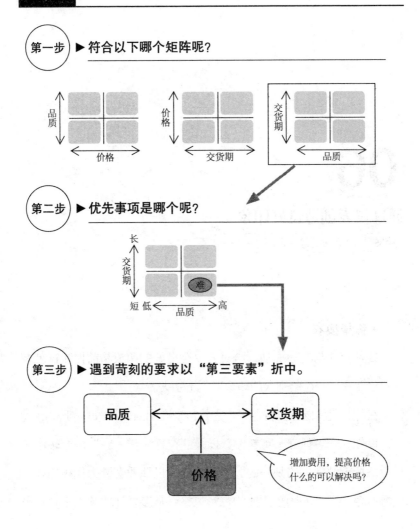

06

通过仪表创造良好印象

矩阵 保守·革新 × 个性·统一

● 移景换衣

要使商谈与交涉成功，给对方一个良好的印象是前提。这就要求我们要在"自己给别人的印象"上下功夫。

在此，我将以自我特色·个人特色来介绍简单易懂的矩阵。

首先，在"保守·革新？"以及"个性·统一？"两个轴中来思考。所谓"保守的划一的"着装，就是以职业套装为代表的以黑或海蓝色为基调的比较成熟的色彩风格。从多样性的观点来看，虽不够令人满意，但也符合国内对于职业要求的习惯。

另一方面，拘谨的人会比较偏向"保守的个性的"着装吧，这可以显现着装的多样化。

我在工作中，也很注重与TPO（时间·地点·场合）相符合的穿着。

出席大公司的理事会或拜访政府机关时，我会注意选择搭配深色套装、黑色系皮鞋、领带或眼镜。参加以娱乐圈人士、设计师或创意者们为中心的聚会时，则会比较注重个性，有更加追求耳目一新的偏好。

有的营销人员，每天穿衣打扮总是同一种风格。西装、衬衫、领带以至于鞋子都是一款多件/双。对这种一贯到底的态度，我真是服了。

当然，如果是以不给对方留下坏印象为目的，前面提到的想法着装也可以接受。

●选择与环境、对方相称的衣服

选择服装时，要记得以给对方的印象为最优选择标准。此时，单是打扮得好看是不可以的，还要讲求策略。另外，也要注意服装要求（服装规定）。虽然想要增加存在感，但**在有服装要求的场**

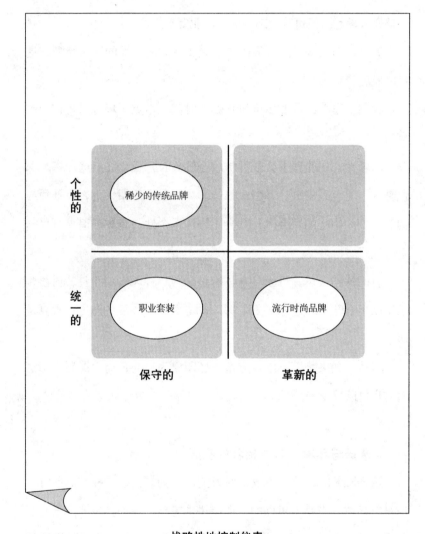

战略性地控制仪表

合，遵循规定是首要原则。

现如今，商务越来越全球化，这也要求我们要加深对"服装的全球标准"、"穿着的礼仪"等的理解。

| 总结 | 思考"为了对方"构筑自我特色吧！ |

☑ **仪表是否保持整洁？**

如果没有清洁感，无论穿什么服装也不会给人留下好印象。

☑ **是否设立自己的"战略"？**

分析面谈对象的想法或感受等，确定选择服装的方向。

☑ **有无违反服装规定？**

在商务场合穿搭与周围协调是原则。

☑ **是否注意到小物品的搭配？**

眼睛、手表和名片夹等也有自己的风格。

☑ **是否随大流？**

跟随潮流虽好，但也会有失去个性的风险。特意增加与周围人不同的别致穿着，给对方良好的印象。

为了不输在形象上，每天都不要怠慢检查自己的穿搭。

时间

对话

成长

交涉

管理

分析交涉方的角色

矩阵 知识分子派·人情派 × 领导型·追随型

●以"性格"与"行为模式"进行分类

"因为年轻被轻视，也不被认真地倾听"、"总是无法缩短与对方的距离感"等等。你有过这样的令人遗憾的经历吗？

这时候，就需要使用这个可称作**设定自己的角色特征（角色设定）**的矩阵了。

首先必须分析对方的角色。

为此，要**观察其"性格"与"行为模式"**。

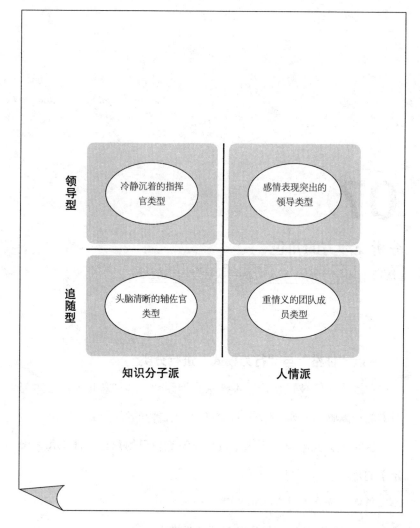

时
间

对
话

成
长

交
涉

管
理

领
导
型

追
随
型

知识分子派　　　　　　　人情派

交涉方是哪一种类型？

168

可以从性格上将人分为"知识分子派"与"人情派"。

这里所说的知识分子派可以说是给人一种"逻辑性的"、"冷酷的"和"沉默寡言"的印象。而"人情派"则给人一种"感性的"、"易接近的"和"能说会道"的感觉。

另外，还可以从行为模式上将人分为引导周围人的"领导型"和作为拥护者的"追随型"。

换言之，领导型主动，追随型被动。

像这样，在两根轴中整理一下，对方的角色便鲜明地浮现出来了。

● **分析完对方的角色后，再设定自己的角色**

把握对方的角色后，就该轮到自己了。从战略角度来讲，可以从两个方向来思考。

一是**扮演完全与对方类型相反的角色**。

例如，如果对方属于"知识分子派的领导型"，那么你就扮演"人情派的追随型"角色。这看起来是"水与油"的关系，但这两种类型的角色可以相互补充，在会议与商谈中也会展开很融洽的合作关系。

如果对方是"人情派的领导型"角色，那么你就可以扮演将说话声降一度的、头脑明晰的"知识分子派的追随者"角色。

另一个办法是**扮演与对方类似的角色投其所好，**也就是作为"相似的伙伴"出现。彼此所追求的理想与方向一致的话，就会产生同感与共鸣。这样的例子有很多。不论是在工作上还是在个人私事上，都从弄清对方的角色开始吧。

总结　　　设定角色，轻松推进商谈、交涉等

第一步 ▶ **分析对方的角色。**

可将其分为四类。

第二步 ▶ **练习"角色战略"。**

战略的方向性有两个
①设定与对方正相反的角色；
②设定与对方类似的角色。

第三步 ▶ **设定自己的角色。**

要点

1. 交涉对象较多的情况下，以核心人物为中心思考；
2. 设定自己的角色时，先决定行为模式（领导型还是追随型），然后再研究性格（知识分子派还是人情派），这样成功率比较高。

时
间

对
话

成
长

交
涉

管
理

以市场潜力为基准制定营销战略

矩阵 潜力 ×交易

● 不要从"因为（我们）合作时间长"这一点来做判断

正如我在第一章中所说的那样，"效果"与"难易度"是判断工作优先顺序的重要标准。同样地，也可以用"潜力（高低）"与"交易（有无）"两根轴来进行衡量。

潜力（潜在的可能性）越高，期待的"效果"就会越大，"难易度"就会因交易有无而不同。

潜力大又有交易的客户，是可能会有重大商业成果的人，因此

172

应优先考虑。

但是要与潜力大却没有过交易的新客户建立起联系并不容易。

另一方面，尽管潜力小，但对有过交易的客户，仍做与以前相同的营销，或许某种程度上也会出成果。

那么，潜力不大，又没有过交易的客户该如何处理呢？

显然，这样的客户无需投入过多的精力。

在此需注意的是那些潜力小却有交易的客户。虽然与该类客户"很容易见面"、"合作时间长"，但这样的理由会使彼此的交易有日益衰退的危险。

重要的是，**要以市场的潜力为基础重新研究营销战略。**

● 以"外部"视角来与"横面"交流思考

开拓潜力大的市场时，首先必须找出研究的目标。这与列出既存客户完全不同，那么应该怎么办呢？

一般来说，通过交易等方法找到目标，只要稍稍改变一下想法就能发现宝藏。也就是说，**不要被业界常识所束缚，要从"外部"概观市场全局，**就会有意想不到的发现。

此外，即便是在同一组织中，**脱开直接的指挥系统而与其他工作岗位的人交换"横向"信息，**也会产生新的想法。

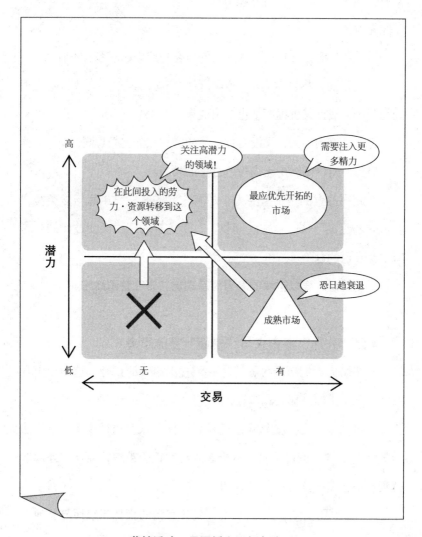

营销活动一旦因循守旧便危险!

| 总结 | 做成"优秀营销"的战略不止一个 |

 ▶ **在"潜力（大小）"与"交易（有无）"的矩阵中分析市场。**

优先考虑的是潜力大、已有交易的客户。

第二步 ▶ **将资源投入到潜力大的市场。**

对潜力小的既有客户不要投入过剩的资源。

第三步 ▶ **找出潜力大的新目标。**

只要转换想法就可以做到

1. 不要被公司或业界的常识束缚，要有外部视角；
2. 与公司内其他工作岗位的人进行"横向"交流。

只盯着既有客户，陷入绝境的危险性就高！

第 5 章

Chapter 5

创建强大的团队
所要做的工作

管 理

时间

对话

成长

交涉

管理

减少"只有那个人才能做"的工作

矩阵 专属·非专属 × 定型·非定型

● 2步使业务标准化

在本书之前的章节中，已将个人工作置于"自己"与"同事"两根轴中进行分析，将这种方式推而广之的话，也会使团队的业务更具效率。

关键词是"程序化"与"共有化"。通过将只有特定的人才能完成的工作变成谁都可以做的工作，使业务更加顺利地进行。

首先，以"专属·非专属"的观点对团队的责任业务进行分类。

也就是确认工作是否依靠个人知识或技能（专属业务/非专属业务）。

其次，以"定型·非定型"的视点重新审视所担当的业务。检查业务顺序程序化与否（定型的业务与非定型的业务）。

像这样在2根轴中整理出4个部分，其中**关键是"只有那个人才能做"的"专属非定型的业务"**。

将这类工作程序化，再将信息与团队共享。这样一来，这份工作就不是"那个人"，而是无论谁都可以做的工作了。这叫做"业务的标准化"。

● 通过工作程序化提高团队实力

要提高团队的生产力，业务的标准化不可或缺。

但实际情况是准确把握"哪些业务已程序化，哪些没有"的团队领导，惊人地少之又少。这恐怕是因为我们一直都有"看着前辈的后背，记住工作内容"的特别习惯吧。

但是，委托给特定的人做越多的工作，产生的弊害也将越多。

例如，那个人突然生病休息、请假了的话，其担当的业务便难以推进。

此外，业务集中给特定的人，也可能会在工作量上产生较大的差距。

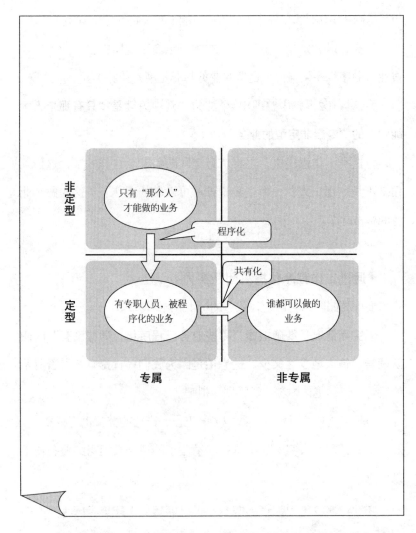

通过"程序化"与"共有化"将工作变成"谁都可以做的业务"

为避免出现以上情况，就有必要推进业务的标准化。

当然，不是所有的业务都可以程序化的。只是，**将工作的方法、要点等按步骤规定下来，那么谁都可以完成工作了。**

然后，个人的精力与才智就可以用在更难处理的工作上。这将使团队变得更加强大起来。

| 总结 | 创造推进业务标准化的土壤吧！ |

 第一步 ▶ **找出"只有那个人才能做的业务"。**

专属非定型业务。

第二步 ▶ **使该业务"标准化"。**

将工作步骤文字化之后，让大家都知道工作流程。

第三步 ▶ **将标准化的业务"信息共享"。**

使用文字化的信息让其他成员也知道业务的推进方法。

▶**完成业务标准化的话……**

○即便专任员工休息或辞职也不用慌张；
○不会发生工作集中于某个人的情况；
○可以将个人的聪明才智运用到更有创造力的工作中。

消除团队中"看不见的壁垒"

矩阵 解决问题所需的时间 × 影响

● 遗漏的间接问题

"为达成目标，尝试了很多解决办法，但却没有什么实际成绩，这是为何？应该怎么办呢？"

许多年轻领导为无法完成团队目标而烦恼。

例如，喊出"销售额目标1亿元"，团队队员全力外勤，但迟迟不出成果。

或者说要达到"客户满意度提高20%"的目标，为此也改善了接待客户的礼节，但客户的评价却并未改观。

这样的状态一旦持续,领导就会鼓励部下"再努一把力!"

但是,结果出乎预期,实际上却另有他因。

为达成目标,就有必要**注意"看不见的壁垒"**。也就是说,"内部看不见的地方"潜伏着因团队中人际关系较差而未能完成联合演说、业务进展不顺等原因。

换言之,需要将与达成目标直接相关的"直接的"问题与"间接的"问题分开思考。

例如,以销售额达1亿元为目标的团队,与此直接相关的事便是"整理客户资料"、"增加拜访客户时间"、"研究促销战略"等。而另一方面,"增加销售员"、"简化销售程序"或者促进信息共有的"团队内顺利沟通"等间接相关的事便会浮现。

重要的是,**不要忽略间接问题,要为解决问题而行动。**

"处理事务需要时间,这样一来就无法增加访问顾客的时间了。"

"职场中没有交谈,并没有什么'团队抱成一团'的氛围。"

如果有这些不满,可能首先要解决它们。

●从可在短时间内解决的问题入手

但是,将所有事情都在瞬间解决是不可能的。

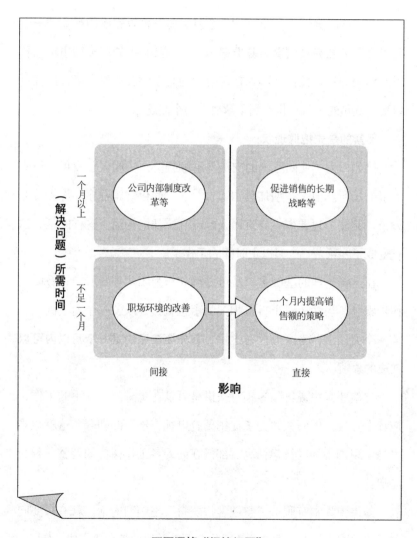

不要漏掉"间接问题"

在这样的案例中，**要以"一个月之内"可以完成的事或"一个月以上"才能完成的事为基准来思考**。与其着手处理长期事项却看不到结果而拖拖拉拉，不如在短时间内着手解决一件事情，这样可以提高队员的士气，也有利于解决下一个问题。

要紧的是先把握现状！

例如，为"使团队内的交流沟通顺畅"，"明天"就可以设立商谈的场所。但是"增加营销人员"、"简化营销程序"等需要兼顾公司制度，也要事先与直属公司或高层部门沟通。这样的话，这就变成了要花费一个月以上时间的工作了。

在这样整理的基础上，就可以确立作为团队领导所应该做的工作步骤了。当然，对于直接相关的事也有必要以"一个月之内"、"一个月以上"来区分。在这里，**首先要注意的是一个月以内可以完成的事项**。

"整理客户资料"等相对来讲是可以在短时间内着手的工作，应该去实施。但假如"为了促销要打电视广告"的问题，这就很难立马实现。必须等待包括高层部门在内的各工作岗位的调整、判断了吧。

如果团队中有职员"整理客户资料"不顺利的话，就有必要向其明确说明为什么整理客户资料很重要，并迫使其尽快完成工作。

矩阵填写示例：查出现在需解决的问题

【以目标为一年内达到1亿元营业额的营销团队为例】

所需时间

一个月以上

增加营销人员	通过打广告增加新商品的认知度
简化营销事务	为扩大销路而募集代理店
改善目标管理制度的运用方法	强化法人营销

一个月以内

与各位成员单独面谈	整理客户资料
考察业务日报的书写方式	增加顾客访问时间
严格整理整顿	制作营销手册

间接的　　　　　　　　　　　　直接的

影响

要紧的是把握现状！

总结　改变"结构"、"习惯"，给队员的"干劲"、"工作"吹风

☑ **是否明确了团队的方向与目标，并共享信息？**

如果团队面对相同问题而无法产生共识的话，无论花费多少时间与劳动还是会出现误差。

☑ **有无阻碍目标达成的"看不见的壁垒"呢？**

关注潜在的看不见的壁垒与直接表现出来的问题同样重要。
例：在销售额上不去的表象背后，存在着队员动力不足的这一看不见的壁垒。

☑ **决定好要解决的问题的优先顺序了吗？**

埋头于短时期内可以出成果的问题。

因为迟迟达不到目标而过分激励员
工也收效甚微

首先要沿着以上3个要点，好好把握现状是行动的第一步。
明白了被忽略的问题，就会明确下一步要做什么。

从两个方面来整理工作上的失误

矩阵 只犯过一次的错误·重复犯的错误×自我努力·团队支持

●弄清是偶然还是频繁

无论在何种职场，人总会犯小的错误。努力不犯错误虽很重要，但更重要的事是事后的应对。

然而，**发现了错误后，人们经常是在不明白实情的情况下应对**。比如以下的案例：

"啊，又错了！数字的排列不是错位了吗？立马修改过来！"

被上司斥责的是刚入职不久的新操作员。

尽管嘴上说着"对不起",但员工内心却想"明明是电脑不好。"

这个时候,到底是新手操作员的输入失误还是电脑本来就不好,并不容易判断。

但领导往往是将责任推给新手操作员以应急。这样的话,操作员反复犯同样的错误也就不足为奇了。

出问题时,**弄清这是偶然发生的"只犯过一次的错误"还是"重复犯的错误"很重要**。毋庸赘言,这里的重中之重是"重复出现的错误"。

在这样分类的基础上,再确定应对策略。这里希望你注意的是**"自我努力"**以减少失误,**同时也有必要通过寻求"团队支持以调整环境"**。如果这个判断失误,则错误永不会减少。

上述案例中,如果问题原因是电脑的误启动的话,那么无论如何批评操作员都不会使状况有所好转。只有通过获得公司的支持,重置系统,才可能彻底解决问题。

●根据错误"样式"设立对应的具体策略

像这样,在两根轴中分析发生的失误,具体的应对策略也会自动浮现。

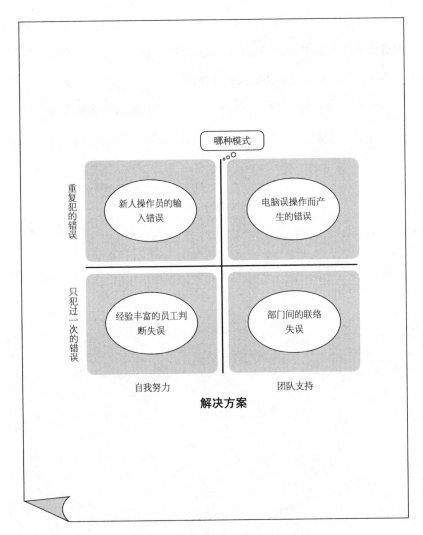

对于重复犯的错误需要快速应对

　　例如，对待"自我努力可以解决的只犯过一次的错误"，就**要教导负责人更认真地对待工作**。如果是"自我努力可以解决的重复犯的错误"，那就需要**负责人提高技能**了。

　　另外，对于需要团队支持的，无论是"只犯过一次的失误"还是"重复犯的错误"，都要从改善职场环境与公司制度着手。

| 总结 | 即便对待小的错误，也要思考"消除"它的方法 |

 第一步 ▶ 将所犯错误分成"只犯过一次"还是"重复犯错"。

"重复犯的错误"最让人担心。

第二步 ▶ 将所犯错误分成"自我努力"可以解决还是需要
"团队支持"。

找到错误原因很重要。

第三步 ▶ 对分类好的错误，设立具体的应对策略。

分为对个人的教育、教导和调整环境来解决问题。

要点

1. 现在立马减少"可以自我努力解决的重复犯的错误"；
2. 如果为减少错误需调整环境的话，预先向上司进言吧；
3. "重复犯的错误"变成"只犯过一次的错误"是状况改善的证据。

推想工作伙伴的"技术"与"动力"水平

矩阵 技术×动力

●找出委托业务未顺利进展的原因

你有过将工作委托给别人,却因没有达到预期成果而焦躁不安的经历吗?这时候,希望你想一想对方的"技术"与"动力"。

以拜托其他部门同事工作为例。该同事的"技术"与"动力"水平都很高,与自己水平相当的话,容易共享,也容易达到预期成果。

有时,尽管对方充满干劲地回答"OK!"确认交上来的东西时也会发现其品质低劣,这个问题就在于对方的技术不足。

此外,也有对方明明技术很高,但因动力不足,做事慢腾腾的

時間 對話 成長 交涉 管理

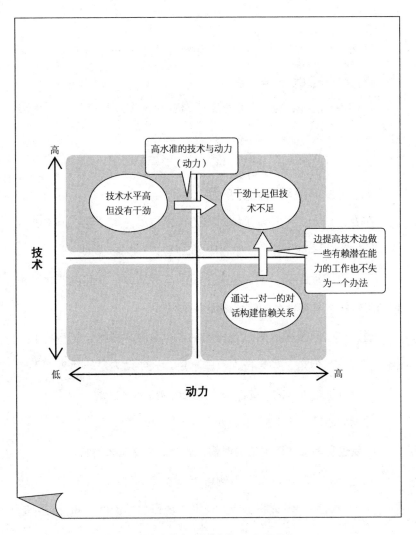

从"技术"与"动力"两方面考察

情况。

那么，如果对方是技术与动力都不足的话……或许你要重新考虑是否将其作为委托人选了。

这样的问题也会出现在外部订购者的选定或与同伴企业的合作上。

●通过发问探明对方的实力

在委托别人工作时，了解对方的技术与动力很重要。但不能直言不讳地问这样的问题："你的技术高吗？""有干劲吗？"

还是委婉地问吧。例如，关于技术水平，你可以问：**"做过类似的工作吗""有什么样的资格证书呢？"**

通过这些问题来推测对方技术水平的高低，据此分配与其水平相应的工作。但是，如果技术有些不足，只要动力足的话，将工作委任给对方也是可以的。此后技术提高的例子并不少见。

关于动力，作如下提问如何？

"我也有因工作而烦恼的时候，这个时候该怎么办呢？"

通过一对一的对话，努力构建起信赖关系吧。从订购方与销售方的"上下关系"中解脱出来，适度表现自己的弱点，倾听对方的真言，这是关键。

| 总结 | 努力把握实力吧！ |

▶ **动力足但技能低**

OK！加油！

"做过类似的工作吗？"

"有什么资格证呢？"

> 单刀直入地询问对方技术水平是失礼的行为。在不打击对方干劲的情况下问其"取得的成绩"，推测其技术水平。

▶ **技术高但动力不足**

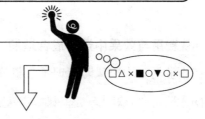

□△×■○▼○×□

"我也有因工作而烦恼的时候，这个时候该怎么办呢？"

> 之所以动力不足，有可能是工作与私人生活上的烦恼与问题所致。这时关键要听出对方的真言。这种人多数是经验较丰富的人，以"商量"的方式进行谈话会有更好的效果。

05

不要混淆风险的"预防"与"应对"

矩阵 风险概率×风险影响度

● 从费用与效果中选择最合适的方法

在企业活动中，风险管理（危机管理）不可或缺。而思考其"预防术"与"应对术"是基础。以火灾为例，为防止发生火灾，"不要在火炉附近放置易燃物品"就是预防策略。即便如此还是发生了火灾的时候，使用灭火器或打报警电话119都是应对策略。

基于这种想法，下面来讲述风险管理的要点。

"风险概率"指的是事故或纠纷潜在风险的可能性。也可以说是事故或纠纷发生的频率。

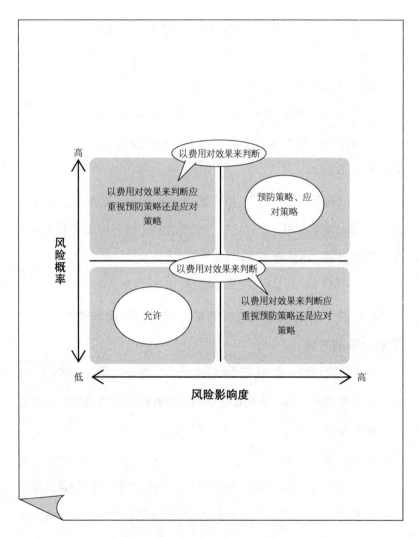

将事前的"预防"与事后的"应对"分开考虑

"风险影响度"指的是风险显现时损失程度的大小。

对于"风险概率与影响度都高"的事件，要同时做好"预防策略"与"应对策略"，确保万无一失。

另一方面，"风险概率与影响度都低"的事件是被"允许"的。

问题是"风险概率高但影响度低"和"风险概率低但影响度高"的事件。

无论是哪一个，当然理想状态是做好万无一失的预防措施与应对措施。如果费用不足时，就有必要在风险管理上思考费用与效果，再决定采取措施的方向。

●虽说"有备无患"这样的事，但要从费用与效果上思考更加合理的方案

例如，面对给企业带来巨大损失的信息泄露的情况，要做好跟踪调研等的预防措施。**人们往往认为风险管理是公司高层领导的工作，此系误解。**请想象一下下文所描述的场景。

正要结束当天的工作时，上司下达紧急业务。对此种"风险"，要预先想出告知今天要准时回家的预防措施。但如果即便如此还是有临时工作要做的话，那就采取立即得到同事支援的对应措施。由此你应该懂得，平日生活中同样需要风险管理的概念了吧。

| 总结 | 风险管理的基本内容 |

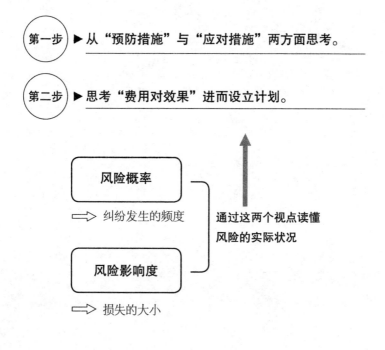

第一步 ▶ 从"预防措施"与"应对措施"两方面思考。

第二步 ▶ 思考"费用对效果"进而设立计划。

风险概率

⇨ 纠纷发生的频度

通过这两个视点读懂
风险的实际状况

风险影响度

⇨ 损失的大小

职场中，团队的全体成员都有必要实践这种风险管理。